SINGULARITATEM

LAURO EDUARDO AYALA SERRANO

EDITORIAL βASIλEIA

Publicado por:
EDITORIAL βASIλEIA, S.A. DE C.V.
Primera Edición, Enero 2021:
1,000 ejemplares.

Copyright © 2021 LAURO EDUARDO AYALA SERRANO

All rights reserved.

ISBN-13: **979-8502367554**

Con todo cariño para
DOMINIQUE RUBIO AYALA.

CONTENIDO

PRÓLOGO **7**
INTRODUCCIÓN **23**
PARTÍCULAS SUBATÓMICAS...................39
EL BIG BANG..55
GENERACIONES DE ESTRELLAS.........71
EL SISTEMA SOLAR....................................87
PLANETA TIERRA 101
LA VIDA 117
EVOLUCIÓN 133
EXTINCIÓN..149
DINOSAURUS PRISTINUS......................165
HOMO CAELUM 181
INMORTALIDAD 197
CONSCIENCIA..213
UNIVERSO PROFUNDO 229
AGUJEROS NEGROS 245
COLAPSO SIDERAL..................................261
EPÍLOGO **277**
BIBLIOGRAFÍA **293**
OTROS TÍTULOS DEL AUTOR **301**

Prólogo

En el verano de 1991 viví en Cambridge, un pintoresco y bello pueblo medieval en el sureste de Inglaterra. Tenía diecinueve años y había pensado mejorar mi desempeño en el idioma inglés, pero como no me inscribí en ningún curso, decidí buscar trabajo. Por una serie de acontecimientos azarosos del destino me contrataron como mesero en Gonville & Caius, una de las facultades de la prestigiada Universidad de Cambridge. Mi trabajo consistía en servirle su comida a los profesores y estar al pendiente de sus necesidades durante el tiempo en que se servían los alimentos.

Entre los *fellows*, como se les decía a los ilustres maestros de Cambridge, había un catedrático peculiar, cuyo aspecto cautivó mi atención: Se trataba de un hombre en una silla de ruedas, cuidado por una enfermera que lo alimentaba en la boca. Cuando le servía sus alimentos, veía que tenía una computadora al frente, cuya pantalla era surcada constantemente por dos líneas, una vertical y una horizontal. De alguna manera, el ordenador le permitía expresarse por medio de una voz robótica. A veces, antes de la comida, y cuando no había nadie en la gran sala del comedor, la enfermera le conectaba un aparato a la tráquea y el hombre se convulsionaba en su silla de ruedas. Luego recuperaba el aliento. Cuando le pregunté a los otros meseros quién era el sujeto, me respondieron que se trataba de un astrofísico brillante que estudiaba agujeros negros. Alguna vez había leído en alguna parte que un hoyo negro se tragaría a la tierra, y cuando Disney llevó al celuloide la película *The Black Hole*, parecía que la compañía cinematográfica había descifrado los misterios que estaban más allá de la *singularidad*, proponiendo que el fenómeno cósmico era una puerta a otra dimensión del universo.

Como el hombre de la silla tardaba mucho en comer sus alimentos, cierto día decidí servírselos a destiempo, para que no se le enfriaran. Cuando terminó de comer, se dirigió a la cocina, donde platicaba con los demás meseros, y mientras esperaba el elevador que lo llevaría a la planta baja, habló con su voz computarizada diciendo: *"Please, I want to be served at the same time than the others."*

Todos guardamos silencio. Pensé en sus palabras por un instante, como cuando algo entra en tu corazón y tarda en procesarse. Me di cuenta de que se estaba dirigiendo a mí, porque según entendí, había dicho: *"Por favor, quiero ser servido al mismo tiempo que los demás."* ¿Debía pedirle disculpas? ¿Debía darle una explicación? Opté por la respuesta más sencilla y dije con voz fuerte, llana y clara: *"Yes, yes."*

Pareció quedarse satisfecho con mi contestación, porque simplemente abordó el elevador que lo estaba esperando. Cuando se hubo ido, miré apenado a los otros meseros, quienes me dijeron que no me preocupara, que el hombre estaba loco. Para mí, había sido una anécdota curiosa que platicaba cuando se terminó el verano y regresé a México.

—No tienes ni idea de quién era ese individuo en silla de ruedas, ¿verdad?— Me preguntó un tío después de que le conté la historia: —Es el científico que sustituyó a Newton, la mente más brillante en todo el mundo: Stephen Hawkings—.

A los diecinueve, batallaba más con conflictos existenciales relacionados con mi voz interna y con mi ser: En ese entonces me enfocaba más hacia la introspección intrínseca en la búsqueda de entender mis propios pensamientos y de comprenderme a mí mismo. Había escapado a Gran Bretaña en la búsqueda de respuestas a una existencia que consideraba absurda y sin sentido.

Miraba poco hacia los cielos, y me preguntaba acerca de mi lugar en la Tierra, pero desde una visión interior. En 1980 se había estrenado la serie de Cosmos, dirigida por el astrónomo Carl Sagan. Tenía nueve años cuando la vi, y mi fascinación por todo lo que se presentaba, pronto se opacó por los grandes misterios que parecía no tenían respuesta alguna. Para mí, era como analizar las curiosidades de la naturaleza, del universo, pero sin llegar a una conclusión definitiva, a una respuesta que pudiera explicar nuestro lugar en la tierra.

Me convertí en un observador de los descubrimientos que los hombres de ciencias astronómicas habían realizado, y cuando regresé de Reino Unido aquel 1991 para terminar la preparatoria, me enfoqué en una formación más bien humanista: Primero una licenciatura en Ciencias de la Comunicación, luego una maestría en Antropología Social, otra maestría en Religión y un doctorado en Teología.

Cuando estudié Antropología Social mucha gente me preguntó si existía alguna relación con Ciencias de la Comunicación, y siempre contestaba que las mismas mentes maestras que habían cimentado las teorías de las comunicaciones, habían sido los fundadores de la Antropología. En cuanto a Religión y Teología, la Antropología nació como una disciplina que comenzó analizando el fenómeno religioso, de manera que al final, todo estaba interconectado en su génesis más remota: Comunicaciones, Antropología y Religión. Existía una sola Ciencia que se derivaba en las más variadas disciplinas.

Como teólogo y estudioso de las Sagradas Escrituras, pronto me di cuenta de que también la Biblia intentaba explicar los misterios del universo.

La diferencia más pronunciada entre las instrucciones sociales y entre las disciplinas exactas es el método que siguen unas y otras: Las matemáticas, la física, astrofísica y todas las demás áreas de estudio que derivan o se relacionan con ellas, utilizan el método científico; Las ciencias sociales, como la antropología, sociología y otras similares, utilizan el más riguroso método empírico. Ambas son técnicas para llegar al conocimiento de la verdad; están al servicio de la Ciencia.

Las asignaturas que utilizan el método científico, y aquellas que emplean el método empírico tienen fronteras muy maleables, y emplean, unas con otras, recursos y técnicas: La sociología, por ejemplo, emplea métodos estadísticos, donde los algoritmos y las matemáticas aplicadas a la población se mostrarán en gráficos porcentuales; La física cuántica emplea deducciones lógicas para discernir que las partículas más elementales pudieran estar conformadas por vibraciones, sin tener manera alguna de comprobar, mediante el método científico, que sus especulaciones son ciertas. Podríamos citar más ejemplos, pero creo que queda claro que las fronteras que dividen a las disciplinas no son muy rígidas.

Por otra parte, la diferencia más radial entre la Ciencia y las propuestas bíblicas es el punto irreconciliable de cómo apareció la creación: Para los hombres de ciencia, todo lo creado, y nuestra existencia misma, vienen del azar, de la casualidad, de una serie de acontecimientos concatenados que por coincidencia formaron todo lo que hay; Para el hombre de fe, en cambio, el azar fue domesticado por un Creador, por una mente inteligente que diseñó las leyes del cosmos y que permitió los procesos de la vida orgánica. Ahondar en esta discusión no nos llevará a ninguna parte, porque la existencia del Señor no se puede comprobar por los métodos empírico ni científico, y el comienzo más antiguo del cosmos sigue siendo un misterio, tanto para la Ciencia, como para la Religión: ¿Qué había antes de que sucediera el Big Bang y cómo apareció esa nube de hidrógeno comprimido en primer lugar? Caemos en la misma trampa cuando preguntamos: ¿Y quién hizo al Eterno? El dilema entre Ciencia y Religión se iguala cuando se pone de relieve un misterio que ni una ni otra pueden responder de manera decisiva y clara: El preorigen y el momento anterior a la formación de todo lo que hay en el universo.

Si quitamos esta discusión inicial, sin negar la existencia del Soberano, pero al mismo tiempo sin desestimar las posturas casualísticas, habremos avanzado de manera conjunta en la comprensión del mundo que nos rodea. Dicho de otra forma: Dejemos de lado las preguntas iniciales y pongámoslas lejos de nuestro objetivo. Una vez librado ese obstáculo, encontraremos que hay más similitudes que diferencias entre el pensamiento mágico religioso científico, y que el texto bíblico puede reconciliarse con los planteamientos científicos si lo dejamos fluir y entendemos que no se trata de una correlación exacta, error en el que han caído muchos teólogos, sino más bien, el de una óptica que con las herramientas que se tenían a la mano para entender el mundo y descifrar los misterios de la creación, se quiso dar una explicación acerca de la formación del universo.

La Biblia tiene su propio punto de vista acerca de los misterios del mundo, pero también incursiona e intenta explicar los fenómenos que ocurren en la naturaleza, en los cielos, bajo una lógica sencilla y primitiva, sin el uso de tecnologías que comprueben sus premisas: Desentrañar esos postulados revelarán secretos científicos.

Demócrito de Abdera, cuatrocientos años antes de Jesucristo, dedujo que debían de existir unas partículas elementales a las que llamó *átomos*, siguiendo un pensamiento puramente lógico e intuitivo. En el tiempo en que tuvo tal ocurrencia no existían los microscopios, y menos los lentes atómicos, ni tampoco los aceleradores de partículas: Su planteamiento se comprobó milenios después, cuando el ser humano fue capaz de mirar las estructuras externas de las partículas atómicas.

La Biblia es un canon de libros heterogéneos: Historias de personajes que experimentaron alguna teofanía; recuento de árboles genealógicos; la historia antigua del pueblo de Israel, de sus reyes; profecías; manuscritos biográficos. El libro de Job, por ejemplo, que se piensa que fue una obra de teatro, más que la historia de un personaje, contiene aducciones en lo que podría considerarse una pseudociencia, que ante la complejidad del mundo exterior, buscó explicarla con los recursos lógicos que tenían en aquel entonces. La historia de la Creación en Génesis, un relato babilonio, fueron los primeros esbozos por intentar descifrar y desentrañar los mismos misterios que enalbardan los actuales hombres de ciencia.

El átomo de Demócrito, una partícula elemental mediante la cual estaba hecha toda la materia de la tierra, es similar al polvo que el Señor tomó en el relato creacionista para dar forma al ser humano. El griego dedujo su planteamiento mientras comía y cortaba una y otra vez un pedazo de queso, asumiendo que tenía llegar un momento en que no se pudiera seguir cortando más. El autor de la historia de Génesis, probablemente dedujo que después de cierto tiempo, toda la materia orgánica se descompondría y se convertiría nuevamente en tierra, y que por lo tanto, estábamos compuestos de barro. La Ciencia moderna, siguiendo estas mismas ideas, concuerda con ambas, aunque descubrieron una veintena de partículas elementales y han sido incapaces de ver, hasta el día de hoy, la partícula que conforma toda la materia: el átomo de Demócrito, el polvo del Génesis. La diferencia entre las tres posturas, fue el método que siguieron para acercarse a la verdad. A pesar de las deficiencias en la metodología, los tres pensamientos se enfrentaron a una carencia tecnológica que les permitiera, seis mil años antes de Cristo, o en la actualidad, verificar la existencia de una partícula elemental.

Nadie cuestiona la existencia del átomo, sino que no se cuentan con las herramientas que nos permiten verlo. Quizás en un futuro seremos capaces de mirar con nuestros ojos una instantánea de la pequeña partícula, o tal vez nunca lo hagamos. ¿Cuál será entonces la diferencia entre el átomo que ideó Demócrito, el polvo que sugirió el Génesis y el elemento que plantea la Ciencia? ¿Su forma? ¿Su composición? ¿El detalle de su peso? Lo más importante es que la esencia del pensamiento es la misma, la idea en el trasfondo explica, términos más, términos menos, que toda la materia está formada con las mismas partículas.

El mundo atómico es solamente el comienzo, porque la Biblia menciona, en diferentes espacios y bajo distintos expositores, la naturaleza, los seres vivos, los seres inanimados, los cielos, y más allá de los cielos, las constelaciones, y las ideas más primordiales que dieron origen a esas especulaciones antiguas, a esos postulados primitivos, y todos tienen una correlación con las teorías científicas más respetadas en el siglo XXI. Propone la resolución de misterios que a la fecha siguen sin resolver, por las deficiencias en tecnologías que han rezagado a la Ciencia.

Buscar una correlación exacta de los hechos, sería tanto como pedirle a Demócrito que describiera en términos cuánticos la partícula más sencilla que imaginó. El hombre seguramente no lo haría porque la jerga moderna no se adecuaría a su lenguaje. La Ciencia debe explicarse en sus propios términos y lo mismo hace la Biblia, cuando se la desentraña sin perder de vista el punto de encuentro, el núcleo, el nodo de la idea que se entrelaza.

Poco antes de comenzar a escribir este libro, leí un volumen de ochocientas cuartillas de los rusos Bakulin, Kononovich y Moroz, titulado: *Curso de Astronomía General*. El libro, increíblemente interesante, utilizaba un lenguaje matemático tan complejo, que para un estudiante de física le habrían sido familiares las fórmulas para calcular, por ejemplo, la distancia a una estrella lejana, o el movimiento de los planetas. Como hombre disciplinado en el más puro método empírico, de formación humanista y social, prefiero mostrar los datos en un lenguaje coloquial, y la información transmitirla siguiendo el postulado bíblico y después constatar la verdad científica que se esconde detrás de cada palabra.

Grandes hombres de Ciencia, en siglos anteriores, echaron mano de matemáticos para comprobar sus lineamientos acerca del espacio, postulados que nunca dejaron al Señor fuera de la ecuación, porque desconocían la última causa de los principios y las leyes que regían el cosmos, de modo que no es notable que un hombre de fe, en el siglo XXI, quiera incluir un poco de conocimiento científico para desarrollar principios bíblicos que concuerden con los nodos primigenios de todo conocimiento, según un pensamiento quizás un tanto estructuralista, donde los seres humanos tienden a pensar y a diseñar los mismos sistemas de ideas, porque, a fin de cuentas, no existe gran diferencia entre el cerebro de un chino al de un argentino o al de un europeo.

El hombre, en el recuento arqueológico de ciento cincuenta mil años, y en el histórico de hace doce mil años, creó las mismas herramientas, siguió con los mismos patrones de conducta, diseñó las mismas estructuras para vivir y se guió con patrones económicos muy similares. Quizás ciertas comunidades influenciaron a otras, pero en casos donde la distancia y el tiempo abrieron brechas infranqueables, es improbable.

Es claro que los *teocallis* de México no recibieron ninguna influencia difusionista de las pirámides de Egipto, sino que cada grupo cultural actuó del mismo modo, creando las mismas armazones, o muy similares, porque el cerebro tiene mil trescientos centímetros cúbicos en todos los sapiens: Las reacciones temperamentales son el resultado de procesos químico biológicos complejos; los mismos en cada ser humano, de manera que puede predecirse la conducta, la organización social, los actos que a veces nos parecen tan espontáneos.

Lo mismo sucede con las concepciones acerca de la vida y del universo: Los escritores bíblicos de hace cinco mil años compartieron las dudas creacionistas que los científicos modernos, con la diferencia de que al expresar sus ideas, lo hicieron con los términos que conocían, y al mostrar sus argumentos los mezclaron con su cosmovisión. Siguen siendo las mismas preguntas, porque el cerebro humano no ha mostrado grandes cambios desde la última revolución cognitiva de hace ciento cincuenta mil años, cuando dejamos de ser homínidos superiores y nos convertimos en hombres creados a imagen y semejanza del Bendito.

A treinta años de mi encuentro casual con Stephen Hawkings, que ya falleció, pienso a menudo en ese día y en lo que debí de haber respondido cuando el hombre entró en la cocina para buscarme: Si pudiera regresar el tiempo a ese momento en que me dirigió la palabra, pidiéndome con su voz computarizada que le sirviera los alimentos al mismo tiempo que a los otros *fellows* que estaban sentados a la mesa, creo que ahora optaría por responderle: *"Yes sir, I will,"* que sonaría en español como: *"Si señor, así lo haré."*

Introducción

De acuerdo a la antropóloga Katherine Verdery, el capital simbólico es la acumulación de conocimientos profesionales que convierten a una persona en autoridad en ciertos temas culturales o científicos. La astronomía, durante muchos siglos fue una disciplina que practicaron los filósofos. Con los procesos de especialización, pasó a formar parte de especialidades más rígidas, como las Matemáticas, la Física y recientemente entró dentro de los ámbitos de la Mecánica Cuántica, también conocida como Física de Partículas. Sin embargo, su génesis primaria nació de la búsqueda de leyes universales.

Las normas que rigen el mundo subatómico, el universo y el macro cosmos deben de tener una coherencia que hasta la fecha no se ha encontrado: El micro universo, del cual no conocemos sino a un puñado de partículas, no se sujeta a las leyes de la física tradicional: Los parámetros de la gravedad, por ejemplo, por medio de los cuales se entiende la rotación de los planetas, la curvatura del cosmos, de la luz, y otra serie de fenómenos, no aplican para el mundo cuántico, porque la gravedad, en esas dimensiones, se convierte en una partícula, en el gravitón, que es demasiado grande para interactuar con un pequeño electrón. No es que las propuestas estén mal, sino que aquellas que funcionan en el cosmos convencional, no pueden aplicarse en el micro universo, y viceversa. El sueño de una teoría del todo pareció desvanecerse con la incapacidad de su verificación, porque el problema de cualquier especulación sobre el espacio exterior y las leyes que lo rigen, está supeditada a su comprobación científica mediante la fórmula que acredite el fenómeno que se está describiendo, de modo que pudiera expresarse en los términos universales del lenguaje de los números.

Encontrar un matemático que pueda expresar en fórmulas los supuestos empíricos celestes, es una búsqueda que lleva a una pared infranqueable. No es como publicar un anuncio en un diario que diga: "Se busca físico matemático para cálculos astronómicos." La poquísima gente que tiene la capacidad para hacerlo, por haber estudiado un área afín, está tan ensimismada en sus propios cálculos, que desestiman a los teóricos por considerarlos lejanos de la realidad más práctica, que es la comprobación sistemática de lo que los grandes instrumentos modernos de medición pueden hacer. La brecha entre la *praxis* y la teoría se ha vuelto abismal.

Debemos tomar en consideración que los grandes hombres de ciencia, primero imaginaron y se preguntaron acerca de los arcanos del mundo, utilizando su hemisferio derecho para hacerlo, y la mayoría trabajaron conjuntamente con aquellos que habían habilitado sus hemisferios izquierdos para poder constatar los planteamientos. Es común escuchar cómo grandes científicos se inspiraron en obras de ciencia ficción, de libros o del celuloide, para cimentar teorías que tuvieron un impacto científico importante.

Muchos hombres de ciencia estuvieron acordes con el sistema de creencias que practicaron, logrando un equilibrio armonioso entre sus descubrimientos y su fe. Algunos manejaron una independencia entre sus credos y sus vidas seculares, otros las incluyeron en sus investigaciones. En todos los casos los resultados fueron por demás positivos: Una rica contribución al desarrollo humano.

El presente libro es un planteamiento del universo, una alternativa que puede retomar algún matemático o físico para expresar en términos numéricos, si considera apropiada alguna de mis ideas, pero en lo general, se trata de una historia narrada de manera coloquial, que abarca los últimos catorce mil millones de años de existencia desde una perspectiva teológica y académica, donde pretendo dar una razón a nuestra existencia más allá de la casualidad, planteando que el azar fue domesticado por una Inteligencia Superior que además nos creó con un sentido más profundo que el de nacer, reproducirnos y morir. Tenemos un propósito superior como la única especie, hasta ahora conocida, con la capacidad cognitiva para tener consciencia de sí misma.

Para la narración me apoyé en las ideas de astrónomos y de filósofos, de químicos, biólogos, retomando sus planteamientos y presentando soluciones, a veces, donde las preguntas se quedan sin respuesta, o contribuyendo con más preguntas que sigan desarrollando la curiosidad científica. El libro comienza con el microcosmos, con el mundo atómico, y avanza hacia el macro universo, todo, con el apoyo de la Biblia, cuya ciencia antigua nos mostrará que el pensamiento humano y las preguntas que se hace acerca del mundo, no han variado mucho en los últimos diez mil años.

En el primer capítulo, exploraremos el mundo de las partículas elementales, de los átomos, y de las teorías más modernas, cuyos planteamientos han permitido discernir el universo subatómico. Echaremos mano de la física de partículas y de la mecánica cuántica, que han revolucionado los conocimientos científicos del mundo moderno. El análisis, siguiendo los lineamientos de la Biblia, nos permitirá ahondar en los elementos que constituyen y que sostienen el cosmos. Los impedimentos tecnológicos del siglo XXI fueron rebasados por las especulaciones lógicas de los textos de las Sagradas Escrituras.

El segundo capítulo reconcilia las teorías creacionistas científicas con los postulados bíblicos. Analizaremos las cuestiones más básicas y generales acerca del Big Bang, como la teoría moderna de mayor aceptación en los ámbitos de los astrónomos. Los momentos iniciales del Gran Estallido han sido descritos con mucho detalle, aunque de manera especulativa, por la Ciencia Moderna: El plasma primigenio que dio origen a la explosión cósmica permanece en la oscuridad de cualquier explicación lógica. La Biblia nos da ciertas nociones que, entendidas bajo la óptica de la razón pura, nos podrían acercar a esa masa primordial comprimida.

Si los primeros momentos del Big Bang pueden ser descritos por los hombres de ciencia moderna, los instantes previos se encuentran en la *singularidad,* un vacío de información al que es imposible acceder por hallarse oculto detrás de una cortina de tiempo y espacio que viaja a la velocidad de la luz. Intentar develar el secreto, implicaría desafiar las leyes que rigen el universo y rebasar, por cualquier medio, la velocidad de la luz, un hecho que de acuerdo a los principios de la física de Einstein, es completamente inviable.

El tercer capítulo explora las ideas sobre los límites del universo, y la imposibilidad de ver más allá de ellos, cuando menos con las herramientas tecnológicas modernas. Se continúa explorando la formación de la primera generación de estrellas y se destaca la vastedad de hidrógeno en el cosmos en comparación con los demás elementos que aparecieron a partir de que estos átomos acrecentaron su número de electrones. Todos los elementos del universo provienen de dos fuerzas primordiales: La fuerza de la gravedad y la fuerza de conservación del momento angular, responsables de añadir más electrones a los corpúsculos primigenios de hidrógeno. Otras leyes que sostienen los fundamentos del universo, nos harán recapacitar en el delicado equilibrio para que todo lo que existe se mantenga en una perfecta armonía creativa.

El cuarto capítulo versa sobre la formación del sistema solar, que emergió del estallido de un sistema planetario anterior cuya estrella explotó violentamente en una súper nova. Solo de esta manera podemos explicar por qué existen elementos tan pesados que constituyen todo lo que abunda en nuestro planeta.

El capítulo quinto trata sobre el salto de la química inanimada a la biología de la vida: El ADN, conformado por grupos de átomos que forman moléculas de proteínas, continúa siendo el mayor de los misterios científicos: Aunque se han podido recrear los liposomas simples en laboratorios, que podrían ser una reminiscencia de las membranas primordiales, la reproducción y el almacenamiento de la información continúan velados para los investigadores. El ADN, en sus formaciones atómicas más simples, alberga un secreto teológico que también está velado al conocimiento humano: El Nombre del Bendito.

El capítulo sexto explora la transición de lo químico a lo biológico, y profundiza en la diferencia entre los organismos celulares y los moleculares: Si los virus, por su tamaño y sencillez, fueron los primeros seres de donde partió la vida, como lo sugiere Claudiu Bandea, o como debaten otros teóricos de la microbiología, que representan una evolución simplificada con base de un organismo celular, han mantenido por millones de años un delicado equilibrio entre los demás habitantes del planeta, muchos de ellos devorando bacterias, como lo plantea Jean Louis Zeddam.

El sexto capítulo, que retoma las ideas de la evolución de Darwin, pero que las coteja con las investigaciones más recientes de Lynn Margulis y Dorion Sagan, quienes exploran que virus y bacterias han jugado un papel preponderante en la evolución de todas las especies celulares en el planeta, en un proceso de simbiogénesis en el que durante millones de años, se incorporaron y se fusionaron especies disímiles para dar forma y criterio a nuevos seres que lograron mantener un equilibrio entre los nuevos huéspedes: La historia de la vida es una donde los organismos no evolucionaron solos, sino que se convirtieron en simbiontes tan complejos que después de millones de años albergaron cientos, o cientos de miles de especies diferentes en sus organismos.

En el capítulo siete exploraremos las grandes extinciones que estuvieron a poco de terminar con la vida sobre el planeta tierra: sus causas, sus sobrevivientes, y el azaroso destino que posicionó al ser humano como el resultado de esas crisis que mermaron con la vida en porcentajes a veces muy elevados de las criaturas que poblaban nuestro planeta: un mundo diseñado para terminar con todos sus pobladores sin rasgos de piedad.

Los dinosaurios que precedieron a los mamíferos que poblaron la tierra es el tema del capítulo ocho: Los grandes abismos en la carencia de información que llevaron de un plumazo a su extinción, y de otro plumazo a la aparición del ser humano, nos hacen reflexionar en el poco tiempo que llevamos como especie sobre la tierra, y a pesar de ello, desarrollamos capacidades cognitivas que estuvieron ausentes en los grandes saurios que dominaron la tierra durante millones de años.

El capítulo nueve, en este seguimiento cronológico de ideas, se enfoca en el ser humano, en las diferentes familias de homínidos superiores y en la arista que llevó a la evolución de distintos *homo*, como lo plantea Yuval Harari: El ser humano tuvo otros hermanos, algunos tan separados de la Eva mitocondrial, que la reproducción entre ellos fue imposible; y de otros, cuyo ADN sigue presente en porcentajes pequeños en el hombre moderno, y que a pesar de su compatibilidad con el *sapiens*, fueron relegadas hasta ser extintas por Caín, el mayor de los depredadores, con una masa encefálica menor que algunos de sus parientes, pero con un alto nivel de agresividad.

En el capítulo diez regresaremos a los componentes físico biológicos del ser humano, ese material que constituye nuestros órganos, las células que componen nuestro cuerpo y que fueron diseñadas, por una mente superior o por la casualidad, para tener una fecha de término, un tiempo de vida limitado. A comparación del Reino Vegetal, la gran mayoría de los organismos que pertenecen a la clasificación taxonómica del Reino Animal tienen una estancia corta sobre el planeta, y ninguna célula tiene la capacidad de duplicarse conservando de manera íntegra a sus telómeros en el proceso de copiado, lo que lleva a su envejecimiento y a la muerte de todo organismo vivo.

El capítulo once explora algunos de los misterios de la consciencia, de los impulsos eléctricos y de la química que, después de la Revolución Cognitiva hace unos setenta mil años, revolucionó la manera en que el *sapiens* se comunicó con los de su misma especie, contribuyendo con lazos de confianza y cooperación inter grupal, y que además tuvo la capacidad de imaginar, como lo plantea Yuval Harari, lo que hace la gran diferencia entre cualquier otro ser vivo que puebla el planeta: La consciencia de quiénes somos nos crea nuestra pertenencia.

El capítulo doce se enfoca hacia nuestro propio planeta y los factores que han permitido la vida molecular y biológica como la conocemos: Su orografía, su campo magnético, su inclinación espacial, su distancia al sol, su velocidad, su atmósfera y la relación con el planeta luna, con el cual logró un equilibrio sideral, conformando un sistema binario. La tierra guarda una delicada armonía con el espacio; su delgada atmósfera nos protege del frío espacio y su campo magnético nos libra de las mortales radiaciones solares que tienen la capacidad de esterilizar su superficie. A veces visualizamos a la tierra como una madre, cuando en realidad se trata de una asesina que a sangre fría preferiría la soledad eriaza de un mundo vacío.

El capítulo trece salta nuevamente al espacio exterior, analizando algunos de los fenómenos estelares más llamativos: El cosmos es un lugar fascinante donde se llevan a cabo los acontecimientos más asombrosos, y el ser humano ha testificado algunos de estos hechos maravillosos mediante la utilización de tecnologías de vanguardia, que exploran las regiones más lejanas, llegando a rozar los límites visibles de la expansión.

El capítulo catorce versa sobre uno de los acontecimientos cósmicos más intrigantes: El colapso de una estrella masiva, cuya gravedad la sume en su propia caída libre: Los agujeros negros. Se trata de sitios en el universo donde la fuerza de gravedad es tan masiva, que la luz no puede escapar a su atracción. La explosión de partículas gama supone que toda la masa es convertida en energía pura y lanzada hacia el espacio a velocidades inimaginables. Pensar que el peso de un agujero negro pudiera rasgar el universo, o bien convertirse en un agujero blanco, son las posibilidades que analizaremos.

El capítulo quince es la parte final, donde se narra el desenlace de la historia del único universo que conocemos. Cuando los átomos que conforman el cosmos lleguen a su vejez, quizás simplemente se desintegren en nubes gigantescas que vuelvan a ser comprimidas en lo que se ha llamado el Big Crunch, o quizás los agujeros negros terminen por convertirse en objetos súper masivos que transporten la energía de este universo a otro cosmos paralelo donde las partículas sueltas se unan a otro tipo de materia y a otro tipo de leyes que rigen un cosmos ajeno.

Con un poco de suerte, podremos darnos cuenta de que la búsqueda de las leyes que rigen nuestra vida, el planeta que habitamos y el cosmos al que pertenece toda la materia que conocemos, es la misma búsqueda que quedó plasmada en la Biblia, un libro que, bajo la razón más pura, logró muchas veces encontrar la respuesta correcta a fenómenos a los cuales los hombres de ciencia apenas disciernen.

Es el deber de todo escritor dar el crédito a esos genios de la física, las matemáticas, la química, la biología, la astronomía, o de cualquier otra disciplina que contribuya a conformar la Ciencia, de otro modo, sería como un plagio de esas ideas brillantes, y sin embargo, también existen diferentes formas de honrar a quienes contribuyeron con esos valiosos pensamientos: Cuando estudiaba la universidad en el Tecnológico de Monterrey en la ciudad de México, leí un libro donde explicaba amenamente en su introducción que en vez de dar citas que los lectores nunca verificaban, y que nada más ralentizaban la lectura, prefería sugerir una lista de libros en la sección bibliográfica donde un interesado en el tema encontrara material suficiente.

A decir verdad, en la veintena de libros que he escrito con anterioridad, he seguido con gran esmero las enseñanzas que aprendí cuando estudié la maestría en la Universidad Iberoamericana, donde mis profesores me inculcaron a escribir las citas de una manera profesional.

En este libro, en cambio, he querido sentir la libertad de expresar ideas tomadas de diferentes autores, sin la responsabilidad de citar con exactitud la fuente de la información, que en algunos casos, he perdido: Buscar la página exacta del libro, cuando he leído la serie completa del escritor de cinco o diez facsímiles, sería una labor titánica. Por eso, en algunos casos ya mencioné a varios autores en esta Introducción, en otros casos, los mencionaré en algún capítulo, pero no enfatizaré mucho en el lugar exacto de donde extraje la información, prefiriendo recomendar una lista de libros en la Bibliografía, tal y como lo hizo una vez Guillermo Bonfil Batalla cuando leí su libro: *México Profundo*.

Partículas Subatómicas

בראשית היה הדבר
En el principio era la palabra.
(Juan 1:1)

Demócrito, filósofo griego de Abdera, cuatrocientos cincuenta años antes de la era cristiana, es a quien se le adjudica, por medio de la razón pura, haber discernido primeramente la idea de que toda la materia estaba compuesta por partículas eternas e indestructibles, agrupadas en la sustancia en diferentes formas y tamaños, a las que llamó *atómou* (ατόμου): *Sin división*.

En el primer cuarto del siglo XXI, los científicos modernos siguen buscando el átomo de Demócrito que conforma toda la materia del universo. Para lograr su cometido, los atomistas se valen de aceleradores de partículas: un tipo de tecnología sumamente sofisticada que tiene la capacidad de producir un choque nuclear, sea de hadrones o de otros corpúsculos, que tras estrellarse de frente unos con otros, arrojan los trozos que los conforman. Se trata, en términos llanos, de microscopios que tienen la capacidad, mediante el uso de computadoras, de mirar las partes que constituyen los elementos del mundo elemental. Estos aceleradores pueden observar un centímetro a la menos dieciocho, una fracción de la escala cuántica donde los teóricos creen que se esconden los misterios más pequeños del universo, que se encuentran a una distancia de un centímetro a la menos treinta y dos. Colisionar cualquier partícula para develar los arcanos cuánticos y poder mirar ese mundo pequeñísimo, supondría la construcción de aceleradores que dieran la vuelta entera a la órbita terrestre, en el mejor de los casos, porque quizás se necesitaría la distancia astronómica que nos separa de la nube de Oort, una burbuja de cuerpos helados que rodea todo el sistema solar.

Los misterios del mundo subatómico, en cuanto a tecnología humana se refiere, quedarán sellados por muchos años: el hombre tendrá que diseñar microscopios con la capacidad de mirar tamaños moleculares. Eso no sucederá en el corto plazo: nos separa una distancia de un centímetro a la menos catorce. Desembrollar los enigmas del microcosmos le corresponde, tal y como lo hizo Demócrito hace dos mil quinientos años, a la especulación científica derivada de la razón pura.

El mayor provecho en la utilización de los súper colisionadores, es que revelaron una veintena de partículas elementales que conforman el universo corpuscular: Un átomo está formado por un núcleo, alrededor del cual giran uno o más electrones. El número de electrones definirá el elemento que constituye, siendo el más simple de todos, el hidrógeno, de dónde también se cree que apareció toda la materia que da forma y estructura al cosmos. El núcleo del átomo está constituido por protones y neutrones; y los protones están formados por quarks: Los elementos más pequeños que los físicos cuánticos han observado, con una masa atómica de .003 gigaelectronvoltios, y los electrones, con una masa de .0005 gigaelectronvoltios, todo visto a un centímetro a la menos dieciocho.

Pareciera a primera vista, que el electrón es el objeto más pequeño observable, porque tiene tres ceros antes del punto, pero en este microuniverso, no todas las partículas son fermiones, sino que hay bosones, como los fotones de luz, cuyo peso es de .000001 GeV, o los gluones, de peso aún desconocido, pero que deben rondar los seis ceros antes del punto.

En un principio se pensó que los fermiones eran partículas puntuales, mientras que los bosones tenían la doble característica de comportarse, a veces como trizas, a veces como ondas. Luego se descubrió que a estas escalas insignificantes, todos los cuerpos podían presentar esta composición singular llamada dualidad onda-corpúsculo. El descubrimiento de la dualidad inclinó a ciertos físicos a desarrollar una teoría especulativa que nombraron la Teoría de Cuerdas.

La Teoría de Cuerdas infería que la partícula dual que conformaba toda la micromateria, es decir, los elementos que constituían a los quarks, a los electrones y a los bosones, no era exactamente una partícula, sino una vibración. El postulado cimbró las bases de la física cuántica, e incluso se postuló como una teoría unificadora del cosmos entero: Su imposibilidad de verificación con las tecnologías incipientes la derrumbó.

El concepto de partícula, como la imaginamos: un pequeño grano que tiene peso y dimensión, se convirtió en la Teoría de Cuerdas, en una vibración, en una onda que al oscilar rápidamente, como lo hace el fotón, generaba su propio peso y estructura. Guiados por la razón pura, e imposibilitados para seguir el método científico de comprobación, la Teoría de Cuerdas entró más en el ámbito de la Filosofía, que de la Física Cuántica: Pareciera como si hubiéramos llegado al punto de partida; a las especulaciones de Demócrito de aproximadamente hace dos mil quinientos años. La Teoría de Cuerdas fue tan especulativa, que cualquier postura de ciencia ficción presentada por el celuloide podía tener cabida. De manera paradójica, también abrió la puerta para la especulación teológica, y para encontrar una relación con las Sagradas Escrituras.

Si dejamos de lado los pormenores de la Teoría de Cuerdas, la premisa general es que todo el universo está asentado sobre vibraciones que a escala cuántica, dan forma y estructura a la materia, tal y como lo sugirió Juan 1:1 cuando escribió que: *"en el principio era la Palabra,"* haciendo referencia al *logos* (λογος) griego, *discurso, expresión;* y a la *dabar* (דבר) hebrea: *habla, cosa*.

Cuando el apóstol Juan escribió este argumento, en realidad estaba interpretando y actualizando Génesis 1:1, donde dice: *En el principio creó Elohim*. Para Juan, antes de la acción creadora, debió existir primeramente la expresión divina, su habla, en términos cuánticos: la vibración de su voz.

Si para los teóricos de cuerdas, toda la materia de la creación se estructura por medio de trepidaciones, para la Biblia, estas fluctuaciones son producidas por la voz del Soberano, que resuena en los confines más distantes del tiempo y del espacio, dando forma, primeramente a los fermiones y a los bosones, que estructuraron los diseños más complejos del cosmos mediante cuatro fuerzas fundamentales que lo sostienen: La fuerza de la gravedad, la fuerza electromagnética, la fuerza nuclear débil y la fuerza de interacción nuclear residual.

Para el rabino Schneur Zalman de Liadi, un *jasid* de la Rusia Blanca que disertó en el siglo XVIII, la inmanencia lingüística de la *palabra* divina tiene la capacidad de mantener la firmeza de los cielos, de modo que si las letras habladas dejaran de reverberar por un instante, todo regresaría al caos y a la nulidad, porque el habla del Eterno mantiene la esencia primigenia de la Creación.

Las cuerdas vibrantes que dan forma a las estructuras duales onda partícula más elementales, las dividieron los físicos en tres grupos principales:

1) Los leptones, que existen de manera independiente en la naturaleza. Se trata de tres elementos: Electrón, Muón y Tau y sus tres residuos que escapan de ellos: El Neutrino Electrónico, el Neutrino Muónico y el Neutrino Tauónico.

2) Los quarks, combinados siempre de tres en tres por la fuerza de interacción nuclear residual, conforman los diferentes hadrones. Se han descubierto seis quarks: Up, Charm, Top, Down, Strange y Bottom.

3) Los bosones, que básicamente suponen fuerzas que la mayor parte del tiempo se comportan como ondas. Se han descubierto seis de ellos: El Fotón, el Gluón, el Bosón Z, el Bosón W, el Gravitón y el Bosón de Higgs.

De manera más práctica, un átomo de hidrógeno, por ejemplo, está formado por un núcleo con un solo protón, alrededor del cual gira un electrón. El protón de su núcleo está conformado por tres quarks que están unidos por el gluón, el portador de la fuerza de interacción nuclear residual, cuya amalgama se debe al campo que genera el bosón de Higgs, encargado de dotar a las partículas de masa.

En total, se han descubierto dieciocho elementos, cuyas diferentes combinaciones constituyen toda la materia primordial del cosmos. De manera análoga, el alefato hebreo está adecuado por veintidós consonantes, aunque si añadimos las formas de ciertas letras que cambian cuando se las escribe al final de las palabras, sumarían veintisiete.

Intentar restar consonantes para hacerlas coincidir con los dieciocho elementos subatómicos, es tan poco ético como predecir que en el futuro se descubrirán otros cuatro ó nueve elementos más. Recordemos que la función de la analogía no es que exista una concordancia exacta, sino intentar entender, con los términos de hace miles de años, tal y como lo hizo Demócrito, el universo que la ciencia moderna ha revelado. Baste con decir que existe cierta similitud entre el número de partículas elementales y entre las consonantes hebreas.

Si en el principio creó el Señor el universo con la *dabar* (דבר), con la *palabra*, en su forma más prístina fue la vibración que dio forma y sentido a toda la materia. Siendo que el término hebreo *dabar* (דבר) también significa *cosa*, las vibraciones divinas pronto adquirieron masa y forma, transformándose en partículas.

En otras palabras: las formas más elementales de la materia subatómica, son las vibraciones que la sustentan, a las que ciertos físicos de partículas llaman *cuerdas*. Las cuerdas no tienen masa ni tienen peso, sino que son ondas que oscilan en cuando menos dieciocho formas diferentes, ora como quarks, ora como leptones, ora como bosones, ora como cualquier otra dualidad onda/partícula.

Estas ondulaciones implican que existe una música de fondo, y que dentro de este universo, hay dieciocho melodías que están sonando constantemente. ¿Por qué una melodía vibra como muón y otra como gluón? ¿Cómo fue que la *cuerda* comenzó a vibrar de una manera y no de otra?

Génesis 1:1 comienza con el término *bereshit* (בראשית): Los rabinos medievales sefardíes supusieron que la creación fue un proceso que se realizó de la *bet* (ב) a la *tav* (ת), por medio de veintiún de las veintidós consonantes del alefato hebreo, porque de otra manera, la primera letra de Génesis hubiera sido la *álef* (א) y no la *bet* (ב). Para el judaísmo sefardí, la *álef* es una representación del Creador mismo, y por lo tanto, está fuera, está más allá de su creación, y todo lo que existe lo insufló fuera de sí.

El universo está estructurado entonces mediante veintiún letras hebreas, equivalentes a los dieciocho elementos constitutivos de la materia subatómica, por medio de los cuales el Señor apuntaló el cosmos, y las sujetó a leyes que no pueden ser traspuestas y que, de manera teórica, debían marcar el ordenamiento particular. Jeremías 33:25 escribió que Adonai había puesto las *jukót* (חֻקּוֹת), las *leyes* de los cielos, que de acuerdo a los teóricos modernos, son cuatro, como las cuatro letras que conforman el Tetragramatón, el nombre inefable del Soberano: YHVH (יהוה).

La primera de esas fuerzas es la de la gravedad. Acostumbrados como estamos a mantener los pies en la tierra, sabemos que todos los objetos se precipitan hacia abajo con una aceleración más o menos constante de 9.8 metros sobre segundo al cuadrado. La gravedad va más allá de que la densidad de nuestro planeta atraiga todas las partículas hacia su centro, incluso los gases que conforman la atmósfera: En escalas cósmicas, tiene un poder aglutinante que permitió que las ondas elementales se combinaran para formar las diferentes partículas puntuales en el universo primitivo, manteniendo la cohesión de toda estructura.

La gravedad se encargó de la formación de los sistemas planetarios y de la condensación de las galaxias. Regula los movimientos de rotación y de traslación de los planetas, determina los lentos giros de las constelaciones y se encarga de agruparlas en cúmulos estelares, que, de acuerdo a los astrónomos, forman racimos en la vastedad del universo.

La gravedad reglamenta las órbitas planetarias, y en nuestra Tierra, actúa de manera conjunta con su exoplaneta, la Luna, para definir el alza y baja de las mareas en un sistema planetario binario donde la atracción y la repulsión mantienen el delicado equilibrio que permite la vida.

Recientemente se postuló que la gravedad actuaba por medio de un bosón llamado gravitón, que supone una interacción con las demás partículas, y que influye de manera directa en su velocidad, dirección y tiempo.

Así, desde los procesos cuánticos más pequeños, en que las partículas elementales se combinaron para crear la materia del universo, hasta la ordenación de toda esa masa en la vastedad del cosmos, la gravedad está inmersa como una ley fundamental que apuntala el espacio del cosmos.

Job 38:38 describe que el Señor hizo que el *"polvo se endureciera y que los terrones se pegaran unos con otros,"* reconociendo una fuerza que inducía a que las partículas conformaran masa.

La segunda fuerza que gobierna el cosmos es la electromagnética, que en escalas cuánticas se especula que tiene la capacidad de generar el campo esférico que aparece como la corteza externa de los átomos, observables con microscopios electrónicos.

Durante mucho tiempo se creyó que las brújulas apuntaban hacia el Norte del planeta, porque había una gran cantidad de piedra imantada, incluso en muchos mapas antiguos se dibujó una gran montaña en el Polo Norte, la que se creía era la que hacía que las brújulas apuntaran sus agujas en esa dirección. Se descubrió que no era así, sino que se trataba de un fenómeno llamado electromagnetismo: Unas ondas que se cree que son producidas por el núcleo de hierro de nuestra Tierra y que envuelven al planeta más allá de su atmósfera. Las ondas electromagnéticas son sumamente importantes para la vida, porque desvían las partículas radioactivas del sol, que sin ese campo protector, esterilizarían toda la superficie, impidiendo el desarrollo de ningún tipo evolutivo.

El campo electromagnético es irregular en cada cuerpo celeste: En Marte es tan débil, que permitió que casi toda la atmósfera se perdiera en el espacio; En Júpiter es tan potente que afecta las misiones espaciales.

El campo electromagnético del sol, y el viento solar, producen la heliosfera, que conforma una burbuja que abarca todo el sistema solar, llamada heliopausa, evitando que los rayos cósmicos penetren en el sistema planetario. El fotón, que básicamente es un bosón, se encarga de repartir y ordenar los campos electromagnéticos, que viajan a la velocidad de la luz.

Job 38:24 esclarece que hay un *"camino por donde se reparte la luz y se esparce el viento solano sobre la tierra."*

La siguiente fuerza, es la nuclear débil, encargada de transmutar un elemento en otro dentro de un proceso de alquimia milenaria y en plena relación con la radioactividad. Gracias a esta fuerza, los elementos pueden convertirse en otros completamente diferentes, mediante la pérdida de electrones. En esta fuerza intervienen los bosones Z y W.

En Mateo 17:2, Jesucristo se *metemorfote* (μετεμορφωθη), se *transfiguró* delante de sus discípulos, y su rostro y sus vestidos se hicieron blancos como el sol.

En la narración del Nuevo Testamento, inferimos que la estructura molecular del cuerpo y de la ropa del maestro, se configuró de manera diferente, y esta transmutación fue posible solamente mediante el uso de la interacción débil.

Finalmente, la fuerza de interacción nuclear residual es la que compele a mantener unidas en su núcleo a todas las partículas subatómicas que en teoría deberían repelerse por generar campos opuestos. El gluón, es el bosón encargado de mantener los quarks dentro del núcleo atómico. El equilibrio atómico permite que todas las formas y estructuras del universo se mantengan unidas. Sin esta fuerza, no existirían los átomos y ninguna estructura en el cosmos, de modo que estamos unidos desde el nivel subatómico más imperceptible a nuestros sentidos. Sin esta interacción, todo sería *tohu vaVohu* (תהו ובהו), tal como describe Génesis 1:2 al caos imperante en la vacuidad.

Las cuatro fuerzas que interactúan con las partículas elementales, explican los fenómenos cuánticos, el mundo biológico y las leyes que gobiernan el macrocosmos, pero dejan de lado la música de fondo, las vibraciones iniciales que le dictan a las cuerdas en qué partícula elemental convertirse.

COMENTARIOS

Las formas más elementales de la Creación son las vibraciones, las oscilaciones emitidas por la voz del Soberano que sostiene todo el universo mediante las ondas que salen de su boca. Estas vibraciones no tienen peso ni masa, y parecen ser las formas más sencillas del cosmos, los elementos que forman las dieciocho partículas subatómicas de la que está compuesta toda la materia. Las ondulaciones, llamadas cuerdas por ciertos físicos de partículas, parecen trepidar a diferentes longitudes, configurándose cada una de forma distinta, dependiendo de la música de fondo.

Werner Heisenberg, físico alemán, fue el primero en determinar este parámetro de onda partícula, al cual llamó: *Principio de Incertidumbre*, que denota que a veces una oscilación actúa como onda, y a veces como partícula.

El Big Bang

ויאמר אלהים יהי רקיע
Y dijo Elohim: Sea el golpe.
(Génesis 1:6)

El Big Bang parece ser la teoría astronómica más aceptada acerca de la formación del universo. Para los teóricos, todo comenzó con un plasma de hidrógeno comprimido que explotó debido a una inestabilidad cuántica. En su estallido, conformó un universo conformado por unas dos billones de galaxias, pasando de ser una bola de hidrógeno del tamaño de una pelota de fútbol, a sus dimensiones actuales, de unos catorce mil millones de años de años luz hacia casi cualquier punto.

Big Bang, término del inglés, que se traduce como *la gran explosión,* o como *el gran estallido,* porque se cree que se trató de una detonación con base en cierta evidencia científica: El universo en constante expansión hacia todos sus límites conocidos, aunado a la cartografía del cosmos. Cuando se ubicaron en una perspectiva tridimensional cientos de miles de constelaciones que se alejaban unas de otras, se halló que formaban dos vertientes que se iban replegando de un punto común, como cuando estalla un objeto en el vacío, y la nube de escombros se extiende como dos cuencos que se oponen entre sí. El estallido inicial dejó un ruido de fondo de microondas que fue descubierto a mediados del siglo XX.

El libro de Génesis 1:6 es acorde con esta premisa: *"Dijo Elohim: Haya expansión en medio de las aguas, y separe las aguas de las aguas."* El término *rakiyá* (רָקִיעַ), *firmamento* o *expansión,* se deriva de la raíz *raká* (רָקַע), golpear, de manera que una traducción más literal diría: *"Sea el golpe en medio de las aguas, y separe las aguas de las aguas."* La concepción de dividir, de separar unas *aguas* de otras *aguas,* en su contexto, representaba una cosmovisión muy especifica, que no obstante, parece centrarse en la misma lógica que sigue la ciencia moderna.

El Big Bang, la explosión primigenia, fue percibida por el escritor del relato bíblico, como si el Señor hubiera dado un palmotazo en las aguas estancadas del cosmos. Los redactores creacionistas, quizás de origen babilonio, lo más seguro es que pudieran inspirarse para escribir su historia cuando miraron el horizonte marino, el sitio donde el agua parece converger con el firmamento, separada por esa delgada línea que a simple vista, parecía dividir ambos fluidos. En el *imago mundi* primitivo, el Creador, con una mano gigantesca, golpearía las aguas, las cuales se separarían en mares y cielos. En otras palabras: la división dada por el golpe divino, que está descrita en el libro del Génesis, responde más bien a la observación de la naturaleza y la búsqueda de una explicación racional para explicar cómo surgió todo: Los mares y los cielos estaban unidos en un principio.

Es sorprendente vislumbrar que ambos relatos, bíblico y científico, comiencen con un estampido divisor. En esta analogía, las aguas primordiales bíblicas serían equivalentes al hidrógeno comprimido que precedió al universo, mientras que la explosión causada por una inestabilidad cuántica en la historia científica, sería comparable al porrazo que propinó el Soberano.

En el caso de que estos relatos fueran verídicos, queda la incógnita original: ¿De dónde apareció ese hidrógeno comprimido? De manera análoga, es el mismo cuestionamiento que se hacen los teólogos cuando preguntan: ¿Cómo apareció el Señor o quién lo engendró? La respuesta está más allá de los límites visibles del cosmos, y por lo tanto, es desconocida para la Ciencia. La Teología, en cambio, nos puede orientar un poco en esta interrogante, que puede ser respondida únicamente con base en la razón pura.

Anteriormente, mencionamos que de acuerdo a las interpretaciones medievales del judaísmo sefardí, el Eterno insufló un espacio en sí mismo para insertar el universo, porque de acuerdo a la visión más estoica de la deidad, el Señor lo abarca todo, de manera que la creación es el espacio donde estuvo el Bendito, como si se hubiera retraído para que cupiera el universo entero.

Génesis 1:1 especifica que el Soberano detalló la creación mediante el verbo *bará* (ברא), un *paal* (פָּעַל), cuya traducción *crear*, implica una acción *ex nihilo* que solamente puede ser ejercida por la deidad. Se trata de una labor creadora que parte de la nada, y que tiene la capacidad para configurar masa y materia del vacío y convertirla en existencia.

Hebreos 11:3 sostiene una postura similar: *"Por la fe entendemos haber sido constituido el universo por la palabra del Señor, de modo que lo que se ve fue hecho de lo que no se veía."* Para el escritor de Hebreos, la palabra del Soberano sería la fuente de la creación; su aliento, en sentido figurado, traerían a la existencia ese hidrógeno comprimido que después estalló en una explosión, el golpe divino sobre ese plasma, cuya onda expansiva seguimos experimentando catorce mil millones de años después.

La palabra creadora explicaría cómo apareció la materia primigenia, y el golpe esclarecería por qué el universo comenzó a expandirse, pero seguimos sin resolver cómo apareció el Creador mismo, o de dónde salió. La respuesta es más compleja, y tal como los hombres de las ciencias exactas, los teólogos también necesitan más información para poder descifrar este misterio. Baste por ahora reiterar que la pequeña masa de hidrógeno comprimida con una densidad incalculable, que la ciencia no puede descifrar su aparición, la versión bíblica la explica con un simple verbo que describe un carácter único del Soberano: La capacidad de materializar, de la nada, las partículas elementales que dieron origen a la historia del universo.

La idea no es en lo absoluto descabellada. Para un hombre de convicciones religiosas, sería como la fe, que en los términos de Hebreos 11:1 es descrita como: *"la certeza de lo que se espera, la convicción de lo que no se ve."* Para el hombre de ciencia, el mundo cuántico pudiera ofrecer alguna explicación, porque a la escala de Planck, parece que el espacio es todo, menos vacío.

Antes de que el Señor golpeara el agua, creó las partículas elementales que explotaron, compactadas como una pequeña masa de hidrógeno en una nucleosíntesis primordial. Decir que existió un hidrógeno primigenio es solamente una manera de expresar un plasma con un número muy reducido de vibraciones, quizás un plasma constituido por una sola vibración, la *singularitatem*, singularidad: La materia oscilando de forma unísona.

Génesis 2:7 emplea el término *neshamá* (נשמה), *aliento*, *ánima*, la fuerza de la vida que impulsa a todo ser humano, el soplo divino, y un concepto que se adecúa a la descripción del plasma. El plasma es el cuarto estado agregado de la materia, caracterizado por una fuerte ionización, donde los electrones no tienen la capacidad de añadirse a ningún núcleo atómico, que en esta forma, está ionizado: los electrones flotan libremente.

El fuego es un ejemplo de plasma, aunque en la *singularidad* primigenia, es probable que ni siquiera existieran núcleos atómicos, sino quarks interactuando de manera entrópica con electrones, o un solo tipo de partículas subatómicas incapaces de formar ningún tipo de estructura: neutrinos. Cualquier cosa que digamos acerca de la *neshamá* primordial, es especulativa.

En este estado de la materia, en esta entropía de la *neshamá* divina que hemos descrito como *tohu* y *vohu* (תֹהוּ וָבֹהוּ), *desordenada y caótica*, de acuerdo al relato bíblico, el plasma era lo único que existía en el *tehóm* (תְהוֹם), en el *abismo*, en la *singularidad*.

El término *singularidad*, aplicado a esta descripción primigenia de la creación, es en realidad un término muy vago, utilizado para describir el desconcierto y la incertidumbre que se tienen acerca de la composición de esta linfa. La palabra, adoptada por la ciencia, para hablar del momento previo a la explosión creadora, lo que hace es demarcar el desconocimiento que se tiene *antes* del estallido. Se sabe que hubo un estallido, la Biblia y la Ciencia lo confirman, pero la segunda solamente puede dar una explicación después de la explosión.

La literatura clásica, es una narrativa que comienza cuando un acontecimiento cambia el rumbo de los hechos cotidianos: Un suceso que rompe la monotonía es lo que da inicio a una historia, a un relato. Lo mismo sucede en Antropología: el antropólogo cultural escocés Victor Turner, creyó ver una puesta en escena en la sociedad, y se enfocó en el drama que comenzaba cuando algo irrumpía la uniformidad, la rutina, la invariabilidad; el antropólogo británico Bronislaw Malinowsky, representante del funcionalismo, decía que el investigador debía estar atento a las pequeñas incidencias de la vida diaria; el antropólogo estadounidense Clifford Geertz, representante de la Antropología Simbólica, pudo integrarse a la sociedad balinesa cuando ocurrió un percance en la comunidad.

Esta misma idea está presente en la Teoría del Caos, una rama de la física que se encarga de estudiar sistemas entrópicos. Teóricos del caos, como Ian Hacking y Katherine Hayles, establecieron que los modelos entrópicos crean estructuras cada vez más complejas y que lo más importante dentro de estos sistemas de desorden es la aparición de información muy valiosa. En palabras más llanas: Donde hay caos y desorden, también hay información abundante.

Génesis 1:2 contiene los elementos suficientes para descifrar el relato desde los parámetros de la Teoría del Caos: El Espíritu *merajéfet* (מרחפת), *planeaba* sobre ese desorden primordial, domesticando el azar que predominaría en el universo por los siguientes miles de millones de años, y que conformaría estructuras más complejas. El Espíritu del Eterno domó la casualidad, domesticó la eventualidad, más que ordenar el éter, y en la historia está presente toda la información que surge versículo a versículo, cada vez que el Soberano habla.

El verbo hebreo *amar* (אמר), *hablar*, aparece diez veces en el primer capítulo de Génesis. Se trata de un *paal* (פָּעַל) en tiempo *vayiktol* (וַיִּקְטֹל). El *vayiktol*, un tiempo que es exclusivamente bíblico, se caracteriza por estar en un pasado *relativo;* relativo porque puede entenderse como presente o como futuro, dependiendo del contexto donde se ubique el verbo: Las acciones en *vayiktol* tienen una única característica de atemporalidad. Que el verbo *hablar* se repita diez veces en una extensión de treinta y un versículos, implica que el caos primigenio fue domesticado por el Espíritu del Señor y produjo la información suficiente para crear todo el universo.

Pareciera contradictorio afirmar que un sistema desorganizado produjera armonía y lineamientos, porque la entropía, a fin de cuentas, se fundamenta en el caos y en el desconcierto, pero es lo que sucedió en el cosmos conforme transcurrió más tiempo: Las estructuras que moldean la creación se hacieron cada vez más y más complejas.

El relato creacionista, tanto en su versión científica, como dentro de su postulado teológico, comenzó cuando se rompió la cotidianidad del cosmos. La historia comenzó con la acción, con el caos, con la explosión primordial. ¿Cómo era el tiempo espacio un segundo, o un minuto, o un millón de años antes del estallido que dio inicio a todo lo que existe? No sabemos cómo era, pero sí sabemos qué hubo antes: Las cuatro fuerzas que dan cohesión a la materia: La gravedad, la interacción fuerte, la interacción débil y el electromagnetismo, tal y como lo planteó Proverbios 8:22 cuando afirmó que Adonai poseyó la sabiduría *"en el principio, ya de antiguo, antes de sus obras,"* de modo que cuando se originó el caos primordial, el universo ya tenía las leyes, los fundamentos físicos y astronómicos para que todas las partículas pudieran ordenarse en formas y estructuras cada vez más enmarañadas.

La narrativa bíblica, en la historia de Génesis, siguió la misma secuencia: Primero fueron la luz y las tinieblas, luego los mares y los cielos; la tierra, la hierba, los árboles, los astros, los seres vivos, los grandes animales marinos, las bestias terrestres, y como corona en la Creación, el ser humano.

Podríamos argumentar que el orden en que aparecen los diferentes elementos no es correcto, sino que la aparición de los astros, por ejemplo, debía encontrarse después de que fue creada la luz y se dividieran las tinieblas, por ejemplo. No se trata de hacer coincidir el texto bíblico con la postura científica, ni tampoco de descartar a uno para querer situar al otro de forma arbitraria, sino que primero debemos entender que el escritor del relato bíblico vivió hace cinco o seis mil años, y sin ningún instrumento técnico, pudo inferir que el universo y la vida partieron del desorden primordial, que fue creando estructuras simples que poco a poco se fueron haciendo más complejas.

La grandeza del texto bíblico radica en que su autor discernió que la aparición de la vida fue un proceso que no se consumó en un día ni en dos, sino que tomó un tiempo considerable en gestarse, a pesar de la Omnipotencia de su Creador.

Un pensamiento mágico religioso primitivo, que concibe a una deidad creadora todo poderosa, pudo haber descrito de una manera más sencilla la aparición de todo lo que existe: Con un chasquido de dedos, o con una simple oración. No fue así, sino que tuvo la sensibilidad para percatarse de un desarrollo paulatino; de que el Creador se detuvo a observar su obra y en la más profunda introspección vio que lo que había hecho *"era bueno."* Luego, como un artista que mira con detalle las pinceladas de su pintura, o como un escultor que se toma un tiempo para limpiar la piedra tallada, y piensa con detalle cuál ha de ser su siguiente trazo, así el relato creacionista explicó que todo lo que hay tomó días y noches para terminarse.

El transcurrir del tiempo en la historia bíblica, y la aparición de formas cada vez más complejas dentro del relato, sin el uso de tecnologías de punta que confirmaran la historia, muestra a todas luces un discernimiento empírico que parte de la observación y de una búsqueda seria por encontrar y conocer los orígenes de la vida, tal y como los científicos modernos especulan acerca del mundo cuántico, el cual es inaccesible con las herramientas que se tienen a la mano en el primer cuarto del siglo XXI.

Para sorpresa de los astrónomos modernos, el cosmos sigue ordenándose en formas cada vez más complejas, todas sujetas a las cuatro fuerzas primordiales y a una música de fondo, todavía desconocida, pero que pudiera estar en franca relación con la materia y energía oscuras.

La voz del Señor, su habla, de acuerdo a las posturas sefardíes medievales, explicaría por qué se alinearon las partículas primigenias constituyendo formas más complicadas de la materia, la música de fondo. Si en el fondo de cada quark hay una sola cuerda vibrando, podríamos suponer que el plasma primigenio estaba compuesto por tres melodías capaces de configurar los núcleos atómicos, a los cuales todavía no se había adherido ningún electrón, sostenidos por la vibración de otra cuerda, de manera que habría cuatro melodías, cuatro tipos diferentes de vibraciones en la linfa que precedió al Big Bang, en una coincidencia numérica con las cuatro letras que forman el nombre de YHVH (יהוה). Quizás en un futuro se descubra que los quarks y los electrones están formados por partículas más pequeñas que a su vez vibran para dar coherencia a la materia que están representando. En todo caso, tendríamos que cambiar nuestra perspectiva acerca del nombre divino.

Mientras tanto, en nuestra analogía con el relato de Génesis, los primeros cinco versículos estarían describiendo este plasma primordial, que del *tohu y vohu* (תֹהוּ וּבֹהוּ), del *caos y desorden*, ocurrió una primera separación entre la *jóshej* (חֹשֶׁךְ), las *tinieblas* y la *or* (אוֹר), la *luz*. En nuestra interpretación, la inestabilidad previa al estallido, debió producirse cuando los electrones ionizados lograron escapar, por el azar domesticado, tal y como escapan, después de miles de años, del centro de las estrellas. Génesis emplea cinco versículos, una sexta parte de su narración, para intentar explicar que sucedió en el día *ejad* (אֶחָד), *uno*, reconociendo también que no fue el día *rishón* (רִאשׁוֹן), *primero*. El *primer* día dista en tiempo y en espacio del día *uno*, que es un momento conocido por todos; El *primer* día, en cambio, es completamente desconocido, porque implicaría el momento en que el Creador comenzó a existir, el momento en que el plasma apareció en el universo.

Después vino el golpe en el versículo seis, el estallido que creó una onda expansiva que lleva catorce mil millones de años extendiéndose hacia todas las direcciones, ensanchando el universo hacia límites que escapan a la imaginación humana.

COMENTARIOS

El *Big Bang*, el Gran Estallido, mantiene una correlación bíblica en la manera en como Adonai *golpeó* las aguas que conformaron los cielos y la tierra. La aparición de ese plasma primigenio representa un gran desafío para la ciencia moderna, que especula con base en la Mecánica Cuántica, la posibilidad de que la sustancia se consolidara desde un micro universo que cedió masa a nuestro cosmos. Para el relator bíblico, esos ingredientes aparecieron ex *nihilo,* por el poder de un verbo que es inherente al Creador, pero que se sostiene por el poder de su palabra.

La ordenación del caos representa un gran desafío, porque a nivel subatómico, las partículas no siguen una línea recta, sino que las posibilidades de dirección, estudiadas por el físico norteamericano Richard Feynman, daban un número tan alto, que las posibilidades de ordenamiento se hacían casi infinitas.

GENERACIONES DE ESTRELLAS

ויעש אלהים את שני המארת ואת הכוכבים
E hizo Elohim las dos lumbreras y las estrellas.
(Génesis 1:16)

Mediante telescopios alcanzamos los confines del cosmos, de principio a fin, desde que comenzó el estallido inicial, hasta el punto más extremo de la expansión cósmica. La distancia es de unos catorce mil millones de años luz en el espacio tiempo, cifra que rebasa por mucho nuestra capacidad de perspectiva.

Las fronteras de esta vastedad están delimitadas por la velocidad de la luz; por el tiempo que tarda la luz en llegar hacia cualquier punto, proyectando las imágenes que podemos percibir con nuestros sentidos. Al retroceder en el tiempo, al momento del Gran Estallido, los astrónomos encontraron una pared roja, al parecer la explosión primigenia. Esta imagen se desplaza a la velocidad de la luz, y para saber qué existe más allá de esta frontera escarlata, tendríamos que rebasar, por algún medio, esa aceleración, lo cual, de acuerdo a los principios que planteó Albert Einstein, es teórica y prácticamente imposible. Lo mismo sucede con la expansión, con lo que pudiera existir más allá de nuestro universo en pleno ensanchamiento.

Científicos de diversas especialidades han especulado lo que hay más allá de las fronteras visibles del cosmos. La teoría de los multiversos es bien recibida en muchos ámbitos, y las especulaciones acerca de universos paralelos han hecho volar la imaginación tanto de los eruditos como de los productores de cine: Las fantasías más creativas han llegado a imaginar mundos donde volvemos a experimentar nuestra misma existencia, pero de maneras tan diversas como infinitas.

Transportarnos más allá de las fronteras del universo implicaría rasgar el telón, su envoltura, su tejido. Para hacerlo, no sería necesario viajar hasta sus confines, porque en cualquier lugar se podría hacer una incisión por la cual acceder a universos paralelos. Por descabellado que suene, ciertos teóricos de Cuerdas, propusieron que a nivel cuántico existía la posibilidad de que el universo se descosiera e inmediatamente recuperara su forma original.

Para poder comprender la complejidad que está más allá de los límites cósmicos, debemos realizar primeramente un análisis histórico de los acontecimientos que ocurrieron desde el Big Bang hasta nuestros días.

Recapitulando: El plasma primigenio, del tamaño de una pelota de fútbol, de acuerdo a las teorías modernas sobre el comienzo del cosmos, contenía toda la materia existente del universo, comprimida en y por una singularidad, por causas completamente desconocidas por encontrarse más allá de las fronteras que impone la velocidad de la luz. La Gran Explosión conllevó a cambios físicos y a la estructuración del elemento más simple de todos: El hidrógeno, que está conformado por un núcleo alrededor del cual gira un solo electrón.

La explicación científica es sencilla: El plasma comenzó a expandirse por el estallido, después se enfrío, y al enfriarse, los núcleos atómicos pudieron hacerse de un electrón, generando grandes conglomerados de nubes de hidrógeno, que al mismo tiempo que eran lanzadas en todas las direcciones, se iban reuniendo en grandes y vastos discos por efecto de la fuerza de la gravedad.

En los primeros momentos del Big Bang aparecieron las constantes cosmológicas que definieron la estructura del universo. Estas leyes suman veinticinco, emergiendo todas de las cuatro leyes fundamentales que les precedieron y que constituyen el nombre de YHVH. De acuerdo a Martin Rees, de las veinticinco, son seis constantes las de mayor importancia, y cuya variación en sus valores críticos, habrían dislocado toda la existencia:

1) $N \approx 10^{36}$, que es la relación que existe entre dos protones y su fuerza de atracción de masas y repulsión de cargas.

2) $E \approx .007$, que es la proporción entre la masa de un núcleo de hidrógeno que se convierte en energía, cuando se fusionan dos átomos de hidrógeno para generar helio.

3) $\Omega \approx .3$, que es la relación entre la cantidad de materia del Universo, y la densidad crítica.

4) $\Lambda \approx .7$, que controla la expansión del universo.

5) $Q \approx 10^{-5}$, que es la cantidad de energía gravitacional para dispersar las galaxias.

6) $D \approx 3$, el número de dimensiones espaciales, que representan la ley del inverso del cuadrado de la distancia.

Cualquier modificación, por pequeña que sea, habría resultado en un universo completamente diferente del que habitamos, lleno de agujeros negros, o completamente desperdigado, sin la capacidad para unirse en sus elementos más inocuos; incapaz, en fin, de generar la vida tal y como la conocemos.

Jeremías 33:20 declaró la promesa del Eterno cuando escribió que no se podría *"invalidar su pacto con el día y su pacto con la noche, de tal manera que no hubiera día ni noche a su tiempo."* En términos generales, las leyes que rigen los astros y sus movimientos en los cielos no pueden claudicarse. Por qué el universo maneja esos valores y no otros, es una pregunta que no tiene respuesta: Los hombres de ciencia suelen responder que así es, sin poder hallar una mejor explicación, como cuando el Eterno declaró en el Salmo 50:7 que: *Elohim Eloheja Anoji* (אלהים אלהיך אנוכי): *Yo soy el Señor tu Señor*. Simplemente así es, porque así debe de ser.

Esto nos lleva a otra pregunta acerca de ese *principio:* Las leyes que rigen el universo, ¿son universales y aplicables en la teoría de los multiversos? ¿Ya estaban ahí, esperando a cumplirse? Una persona que nace en la tierra, estará sujeta a la ley de la gravedad: La ley de la gravedad no se genera cada vez que una mujer da a luz.

Con el universo, en cambio, pudiera ser que antes del Estallido Inicial, las constantes que rigen el cosmos no estuvieran presentes, sino que aparecieron como el resultado de diferentes factores entrópicos: surgieron después de que el plasma comenzó a expandirse en todas las direcciones. En otros universos, si es que los hay, pudieran existir valores diferentes a los que permean el nuestro, dependiendo de la imaginación especulativa de cada científico.

Las primeras cuatro leyes aparecieron como resultado de los cuatro gramemas de YHVH; la veintena de leyes posteriores guardan una estrecha relación con la suma de cada gramema, que en hebreo es de veintiséis. Si los astrónomos han descubierto veinticinco, y sólo seis importan, en la teología Bíblica el cosmos mantiene su estabilidad gracias al Nombre del Eterno, que da certeza a cada uno de sus rincones.

La postura bíblica propone que las leyes que rigen nuestro todo conocido, también se aplicarían para el caso de otros universos, si es que existieran, más allá de las fronteras visibles del nuestro, porque la universalidad de los fundamentos apareció *antes* de cualquier Explosión Primordial.

El universo primitivo, que se separaba de su vórtice original, se extendía en dos grandes alas conformadas por hidrógeno disperso, en una cantidad atómica igual a la del universo actual, porque la masa, la materia que contiene, se ha mantenido constantemente estable desde hace unos catorce mil millones de años, en que comenzó la expansión.

El hidrógeno en expansión entrópica y desordenada, pronto comenzó a agruparse en nubes de extensiones descomunales, las predecesoras de las primeras galaxias. Estas constelaciones fueron impulsadas hacia las fronteras que se iban ensanchando en todas las direcciones, mientras concentraban en sus entrañas millones de nubes más pequeñas, colapsadas gravitatoriamente, cuyo peso y presión las hizo girar sobre sus propios ejes: sistemas planetarios primitivos conformados por gas: estrellas y mundos venidos del vaho, sin superficies sólidas y sin la rica mezcla de los elementos actuales.

Fue el momento de la conservación del momento angular; el resultado natural de un cuerpo que incrementa su masa bajo los efectos de la gravedad en el espacio vacío y empieza a rotar en proporción a su tamaño: mundos efluvios de vapor en rotación.

Si la vida promedio de un electrón es de unos cuarenta y cinco mil millones de años, el universo lleva un tercio de vida. Para ponerlo en perspectiva: si el cosmos fuera una persona destinada a vivir cien años, acabaría de cumplir unos treinta y cuatro años: esa sería su edad en tiempos humanos.

Cuando la gravedad de la nube alcanzó su punto máximo, el calor convirtió al hidrógeno en un plasma que generó helio, y así aparecieron las primeras estrellas gigantescas del universo primitivo. En los núcleos de los luceros, bajo la fuerza de la gravedad y el calor aplastante, comenzó el proceso de encendido nuclear: los primeros fotones de luz, atrapados en el centro de plasma del astro, tardaron cientos de miles de años para poder escapar al vacío y comenzar a iluminarlo.

Si existieron planetas de hidrógeno comprimido orbitando alrededor de sus luminarias, fueron mundos etéreos; si la gravedad succionó todo el gas hacia el astro central, fue un cosmos de estrellas.

Job 37:11 dice que el Señor: *"Sobrecargó de irrigación a la densidad, esparciendo su luz en la nube."* Desconocemos qué fue lo que vio el autor para inspirarse a escribir este versículo, pero quizás observó cómo, cuando la luz solar aparece en una mañana neblinosa, la bruma disipa la radiación solar y crea todo un halo alrededor del sol, un efecto visual donde el círculo solar se expande, como si se viera a través de un lente fuera de foco. Podemos retomar esta misma visión para tener una idea aproximada de cómo lució el gran océano negro con la luz dispersa de la primera generación de estrellas: Un cosmos con una luminiscencia difuminada, luchando por escapar de la niebla que la disipaba en concentraciones nebulares de un hálito en la gran conflagración de la revuelta de la luz.

De acuerdo a los hombres de ciencia, estas estrellas encendidas debieron consumir su combustible a una gran velocidad, y teniendo tan gran tamaño, explotaron creando otras nebulosas. La explosión de estas estrellas dio origen a elementos más pesados, a los metales más simples de la tabla periódica: al litio, al boro, al berilio, y al elemento primordial para detonar, millones de años después, la vida: el carbono: La segunda generación de estrellas estaba por aparecer.

Cuando hablamos de estrellas de gran tamaño, nos referimos a lo que los astrónomos llaman hipergigantes, que son astros de magnitud muy cercana al límite teórico: unas ciento veinte veces la masa del sol. Como son tan masivas, consumen su combustible en un tiempo que puede variar entre los mil y los tres mil millones de años, un lapso astronómico corto si lo comparamos con la vida promedio de nuestro sol, que es de unos diez mil millones de años.

Una estrella de tan gran envergadura debió convertirse en un agujero negro, en una estrella de neutrones, en un pulsar o en un magnetar. ¿Por qué el universo primitivo no se llenó de agujeros negros que terminaron por revertir el proceso de expansión inicial? Se necesitan de elementos más ricos en electrones para producir los diferentes fenómenos. De acuerdo a la teoría, las fuerzas nucleares para crear elementos pesados necesitan de una gran cantidad de calor: Entre más electrones se quieran añadir al átomo, mayor debe de ser la incandescencia que se emplee, de modo que si la fuerza de fusión nuclear que encendió las estrellas fue una constante, lo que varió fue la energía liberada durante su explosión, que tuvo la capacidad de formar elementos cada vez más complejos.

Este mismo proceso, repetido miles de millones de veces a una escala macro cósmica, ocurrió dentro de las galaxias, todas ellas articuladas por dos fuerzas que determinaron sus tamaños y sus velocidades de movimiento: La gravedad y la conservación del momento angular.

El hidrógeno, tan ligero como es, no tuvo la capacidad para que su peso gravitacional diera pauta a otra cosa, sino a nebulosas, que nacidas como una explosión de súper nova, fusionaron más electrones en los átomos. Las primeras nebulosas, ricas entonces en metales ligeros y carbono, sucumbieron nuevamente al mismo proceso de colapso gravitacional, comprimiendo otra vez sus elementos para formar nuevas estrellas.

Es muy probable que el hidrógeno y el helio, por ser más ligeros y presentar menos resistencia a la gravedad, produjeran la segunda generación de estrellas. Los elementos más pesados pudieron distribuirse en el disco externo de la nube, donde se unirían para formar los primeros planetas que orbitarían alrededor. A esta segunda generación de estrellas, y a los planetas que giraban alrededor de ellas, les faltarían todavía el resto de los elementos que conforman la Tabla Periódica: los elementos pesados.

El ciclo de colapso gravitacional, fusión nuclear, quema de combustible y estallido de una estrella, pareciera ser interminable, pero las variables que llevan a explosiones cada vez más violentas, están determinadas por el límite del tamaño teórico de la estrella, de otro modo, habría elementos más y más pesados, como el ununoctio, que tiene ciento dieciocho electrones girando alrededor de su átomo. Es muy improbable que se crearan componentes con un número mayor de electrones, porque los estallidos de estrellas que en su segunda o tercera generación, contienen elementos pesados en sus núcleos, dependiendo de su densidad, en vez de crear ingredientes nuevos, colapsarían bajo sus propios pesos, generando fenómenos que analizaremos en otra parte, como agujeros negros ó pulsares.

Los astrónomos creen en este proceso, porque entre más electrones contenga un átomo, más calor se necesitó para generarlo, y en la naturaleza se encuentran menos átomos conformados por muchos electrones: El universo es rico en hidrógeno y helio, en casi 99%, mientras que todos los demás elementos ocupan solamente el uno por ciento de toda la materia. Si todo partió de la abundancia del hidrógeno, sigue ocupando el primer lugar en su reinado.

Job 8:8 dice: *"Y del polvo mismo nacerán otros."* El redactor bíblico vió en la vida un ciclo que se repetía continuamente, donde todo se convertía en *polvo*, regresaba a la existencia en un proceso de transformación. Este lapso periódico de existencia se adecuaba a la extinción y a la aparición de las diferentes formas sobre la tierra, que provenían todas de un mismo elemento: el lodo.

El término hebreo *áfar* (עָפָר), *polvo*, hace referencia a las partículas más pequeñas en que cualquier forma, mineral o vegetal, se convertirán al final de su existencia: No se trata de los bloques más elementales de la materia, sino de las piezas mediante las cuales estaban compuestas todas las formas: polvo de estrella.

Sin un microscopio a la mano, y sin los principios de la química moderna, el redactor bíblico difícilmente habría sabido que ese polvo cósmico era el resultado de los procesos mediante los cuales se fueron añadiendo electrones al elemento más simple, el hidrógeno, y que gracias a esos ingredientes cada vez más pesados, se conformó el barro que moldea toda la materia de la inmensidad, pero que constituye solamente el uno por ciento de lo que existe: Mirando el globo y su extensión, ¿qué otra cosa pudo imaginar sino que la tierra era más vasta?

Si pudiéramos observar los sistemas planetarios para tener una perspectiva más clara de las proporciones, sus soles serían como una bola de fuego del tamaño de una pelota de basquetbol, y los planetas que se trasladan en sus órbitas, como pequeños granos de arena.

La distancia que nos separa de nuestra estrella es tan amplia, que podemos abarcar la circunferencia del astro con nuestro dedo pulgar, lo que representó un desafío para el pensamiento pseudo científico de hace diez mil años, y aún lo sigue siendo para nosotros mismos: Llegar a la comprensión de que nuestra existencia, y los componentes que nos dan forma, representan un porcentaje muy reducido en la grandeza del universo.

COMENTARIOS

Los límites del universo no pueden rebasarse de manera lineal, porque están sujetos a la ley que nos impide ir más allá de la velocidad de la luz: Si quisiéramos ver más allá del universo en expansión, lo tendríamos que hacer rasgando el telón de fondo, que en términos teóricos, se encuentra en cualquier parte del espacio. Bastaría con realizar una incisión cuántica y hacerla crecer para saltar a otro universo, algo plausible, cuando menos, a nivel teórico, pero limitado por la tecnología actual.

Cuando el plasma primordial estalló, se sujetó a cuando menos veinticinco leyes cósmicas que hasta la fecha mantienen unido el universo: Cualquier cambio pequeño en los valores de estas constantes, habrían terminado por solidificar un universo muy distinto del que conocemos.

El cosmos, sostenido por átomos con electrones, ha permanecido estable por una tercera parte de su existencia.

El hidrógeno, un átomo con un electrón, mediante procesos gravitatorios dio pauta a las primeras estrellas, cuyas explosiones crearon con su calor elementos más y más complejos: Desde entonces, se han sumado tres o cuatro generaciones de estrellas, con componentes cada vez más pesados.

EL SISTEMA SOLAR

וראו אפיקי מים ויגלו מוסדות תבל
Y aparecieron los contenedores de las aguas y se revelaron los cimientos del Tebel.
(Salmo 18:15)

Á*far* (עָפָר), el *polvo*, como parte de la *weltaschauung* bíblica, y muy probablemente retomada de sus ancestros babilonios y fenicios, era la esencia que constituía la *adamá* (אדמה), la *tierra*, los terrones; diferente de la *áretz* (ארץ), sinónima de la primera, pero que hace más bien referencia a los límites políticos que delimitan una nación, y debe traducirse de una manera más adecuada como *terruño*.

El *tébel* (תבל), una palabra que apareció por primera vez en 1 de Samuel 2:8, introdujo el concepto de *mundo* como un todo. Si la cosmovisión imperante lo vislumbró cuadrado, plano, o sostenido por animales fantásticos, lo importante es que se comenzó a visualizar a la Tierra como una entidad que contenía montañas y valles, naciones y pueblos, llena de vegetales y animales varios, diferente de la *áretz* (ארץ) que había emergido del agua como *yabasha* (יבשה), como lo *seco*.

El *tébel* (תבל), el *mundo*, diferente de las *meorót* (מאורות), de las *luminarias*, término que hace referencia al *shemesh* (שמש), al *sol*, y a la *yaréaj* (ירח), a la *luna*, era un sitio que ocupaba el centro de la Creación, y que se disputaba con las *cojabim* (כוכבים), con las *estrellas*, la mayor de las glorias.

Dentro del imaginario hebreo, había aparecido el *Tébel*, el *mundo*, un término que parece poco trascendente, pero que marca una profunda separación en la necesidad de explicar un sitio que contuviera más allá de lo que los ojos podían mirar, un lugar cuyas fronteras no estaban delimitadas por políticas arbitrarias, sino que contenía a todas las naciones conocidas, y por supuesto, a todas las que faltaban por descubrir.

En la historia del universo, los múltiples ciclos de condensación de hidrógeno, ganando un electrón y transmutándose en helio, encendiéndose en un proceso nuclear, estallando, creando elementos más pesados y así, hasta completar dos, tres o cuatro generaciones de estrellas, fueron añadiendo cada vez más *áfar* (עָפָר), más *polvo*, más polvo cósmico, constituyendo un uno por ciento de toda la materia existente en el espacio.

Ese uno por ciento de polvo cósmico bastó para crear la Tierra, con una superficie de quinientos diez millones de kilómetros cuadrados; bastó para crear unos dos mil quinientos millones de planetas más, solamente en nuestra galaxia; y bastó para crear unas dos billones de galaxias en el cosmos observable.

Los teóricos dicen que todo sucedió por medio de las dos fuerzas que moldearon a la primera generación de estrellas: La gravedad y la conservación del momento angular, pero la última vez, cuando el hidrógeno se condensó por la fuerza de la gravedad, atrayendo hacia su centro el polvo cósmico que estaba formado por los diferentes elementos que se habían creado en este proceso durante los últimos miles de millones de años, hubo polvo que se rezagó alrededor de la estrella principal.

Cuando miramos alrededor y pensamos en el tamaño de nuestra Tierra, tendemos a creer que es grande, o muy grande, pero cuando la comparamos con nuestra estrella, el Sol, nos percatamos de que es como un grano de arena frente a una pelota de fútbol: las partículas que no cayeron hacia el centro para fundirse en el núcleo del sol, se mantuvieron en la periferia por su reducido tamaño y por la distancia a la que se encontraban del campo gravitacional.

Unos diez mil millones de años después del Big Bang, cuando nuestro sol actual comenzó su proceso de colapso gravitacional, dejó parte de su disco nebuloso primigenio libre para que sus partículas, atraídas por su propia gravedad, se unieran y formaran diferentes cuerpos: los planetas.

Hacernos una idea de cómo fue este desarrollo requiere más que una ilustración plana, porque en el cosmos, todo está moviéndose a velocidades vertiginosas, de modo que la nube, que se formó por la explosión de la última nova, o súper nova que precedió al sol, viajaba hacia alguna dirección a unos veinte kilómetros por segundo. La nebulosa completa, estaba unida en sus términos por lo que los científicos piensan que es la energía oscura.

Al mismo tiempo, el momento angular del polvo cósmico que se acumulaba en el centro de la estrella, comenzaba el giro de rotación, y la gravedad atraía a los diminutos cuerpos hacia órbitas elípticas, todo en un remolino espacial que conservaba las órbitas en el mismo eje del disco.

Los modelos geométricos euclidianos son incapaces de explicarnos por qué los planetas no terminan por precipitarse hacia el centro gravitatorio del sol, ni por qué forman un disco alrededor de la estrella, igual que los ochenta y dos satélites de Saturno, cuyas órbitas, al igual que sus anillos, se posicionan en una misma línea horizontal. Al parecer, la velocidad, y la distancia del punto de no retorno, mantienen un delicado equilibrio. Querer explicar el cosmos como una manta donde los objetos de mayor peso deforman la superficie y la hunden, es tan absurdo como querer posicionar a todos los elementos del espacio en una misma línea horizontal, sin tomar en cuenta que en la realidad, se hallan ubicados en todos los cuadrantes tridimensionales, y no sobre una manta esférica donde los objetos descansarían sobre el tejido, porque de otro modo, habría un gran espacio vacío entre las constelaciones que se encontraran en los lados opuestos de la esfera.

La geometría tradicional puede explicar por qué el peso pandea la superficie del espacio, y por qué los objetos más pequeños giran alrededor de los más grandes, y por qué formarían órbitas sobre un eje cercano al ecuador planetario, pero deja de lado que todo el complejo se mueve hacia una dirección, y que en la membrana del espacio hay cuerpos que reproducen estos mismos principios en las tres dimensiones que lo estructuran, repitiendo los patrones a lo largo y ancho.

La formación de nuestro sistema solar tomó alrededor de cuatro mil quinientos millones de años, en un proceso donde la gravedad, pero también el azar, jugaron un papel esencial para la constitución de los distintos planetas, que suman unos quince; un cinturón de asteroides en la zona central; otro en los límites del espacio exterior y número indeterminado de cuerpos helados que forman una burbuja, conocida como la nube de Oort, a unas 50 mil unidades astronómicas de distancia, casi un año luz, y de donde se cree que provienen todos los cometas que transitan por el sistema solar, y que siguen la trayectoria del sol en su recorrido por la Vía Láctea: Quizás los restos más remotos de la nebulosa que se formó por el estallido de la súper nova de una generación anterior de estrellas.

En un mundo tan entrópico, dominado por leyes que apenas comprendemos en su profundidad, tenemos que lidiar con el mayor de los problemas: El azar, la suerte, el sino, la casualidad. El azar es el argumento más poderoso que utilizan los científicos para desechar la idea de un Creador inteligente: De acuerdo a la postura dogmática más estricta, son tan bajas las probabilidades para que existamos, que es imposible que esto lo hubiera determinado una Inteligencia Suprema. Sin embargo, el mismo argumento se puede utilizar para justificar nuestra presencia: De acuerdo a las probabilidades matemáticas, es un número imaginario, la clase de números que se vuelven tan improbables, que simplemente se convierten en imposibles. Sin embargo, aquí estamos: La prueba de nuestra biografía está en nosotros mismos, en nuestra consciencia, en nuestra vida.

El Salmo 16:5 dice que el Señor *"sustenta la suerte."* El término *goral* (גּוֹרָל), *suerte*, es el tipo de azar que ocurre cuando se arrojan los dados y se apuesta por un número, y esto quiere decir que Adonai domesticó el sino dentro de la vorágine cósmica para que los planetas atravesaran múltiples accidentes que los conformaron como los mundos que comprenden el sistema solar.

El proceso completo es desconocido para todos, porque en estos miles de millones de años sucedieron varios impactos que añadieron masa, que inclinaron sus ejes, que determinaron las velocidades de rotación ó su distancia al sol. Se conocen las generalidades de los acontecimientos, y se pueden suponer algunas particularidades, pero no se sabe con exactitud cada momento de su formación ni la historia detallada en cómo algunos rotan en sentido contrario.

Como esferas calientes, que siguieron los mismos principios que hemos explicado en la formación de las estrellas, los planetas recopilaron los ingredientes de la nube que les dio forma, precipitando los elementos pesados a su centro. Su composición no fue uniforme en ninguno de los casos: Unos atraparon elementos pesados; otros capturaron fluidos menos densos; cada uno condensó una cantidad diferente de masa y de materia, desde pequeños planetoides del tamaño de una minúscula luna, que a la fecha los astrónomos no los consideran propiamente planetas, hasta gigantes gaseosos que en algún momento estuvieron destinados a convertirse en estrellas brillantes, como tantos otros sistemas que tienen dos o tres soles orbitando alrededor de un astro principal.

Cuando Moisés bendijo a las tribus de Israel, en Deuteronomio 33:13-14, les dijo a los hijos de José: *"Bendita de YHVH sea tu tierra, con el rico divorcio de las lunaciones."* Sea lo que el patriarca haya querido expresar, utilizó el verbo *garash* (גרש), *separarse, divorciarse*, para exponer la relación que existía entre la *yaréaj* (ירח), entre la *luna* y la Tierra. En Génesis 1:15-16, el Señor puso al sol para alumbrar en el día, y a la luna para alumbrar en la noche, para *lehabdil* (להבדיל), *separar, partir, dividir*, entre la luz y entre las tinieblas. Moisés, mucho tiempo después, reinterpretaría el término.

En Génesis 1:14, las *meorót* (מארת), las *lumbreras*, como se les denominó al sol y a la luna, fueron puestas para señalar los días, los años y las estaciones. En esta temprana edad de la humanidad, se reconoció que existían períodos vinculados con las diferentes fases de la luna. La menstruación y los ciclos de veintiocho días, debieron crear una relación mágico religiosa entre el astro y las mujeres; el efecto de las mareas y de otros impactos ambientales, pudo inferirse después de una profunda observación.

La visión bíblica fue geocéntrica, porque cada planeta tiene una correspondencia muy diferente con el Sol y con sus satélites.

La relación de la distancia al Sol es crucial para determinar el desarrollo de la vida, y esta variable también va cambiando respecto de la radiación solar y de otros factores que marcan la diferencia entre una roca inerte en el espacio helado y mundos habitados por seres orgánicos, como el nexo entre el eje y la velocidad de rotación, vinculadas a la correspondencia del sistema planetario, condiciones todas que contribuyen al equilibrio en el clima y a la sustentabilidad de una atmósfera: Un planeta muy cercano al sol, como Mercurio, será un infierno ardiente; uno lejano, como Plutón, un mundo helado.

La Biblia se desentiende de todas estas relaciones, desde las mítico mágicas hasta aquellas que representan un equilibrio dentro de la naturaleza. La visión parece simplista: Para iluminar el día, el Señor posicionó al sol, y para iluminar durante la noche, posicionó a la luna, que en algún momento se *divorció* de la Tierra. No es improbable que el pensamiento primitivo pudiera inferir que la luna surgió de la misma Tierra. Careció de bases para hablar de otras lunas en otros mundos. Muchos pueblos primitivos tienen un recuento de mitos donde el sol, la luna y las estrellas fueron puestas en sus posiciones porque fueron elevadas desde la tierra hasta la bóveda celeste.

En la cosmovisión bíblica, la completa destrucción del sol llegaría en el final de los tiempos, cuando la luz de Adonai superara el brillo del astro rey: Apocalipsis 22:5 describe cómo en el *Olám HaBah* (עוֹלָם הַבָּאָה), en el *Mundo Venidero, "no habrá más noche, ni necesidad de la luz del sol, porque Adonai los iluminará por los siglos de los siglos."* La visión bíblica suponía que un día la oscuridad sería vencida.

De entre los planetas del sistema solar interior, algunos de ellos mantuvieron una consistencia gaseosa: Júpiter, Saturno, Urano y Neptuno. Júpiter y Saturno apuntaban a encenderse como estrellas que conformaran un sistema binario o terciario con el sol, como es común observar en sistemas planetarios lejanos, pero por alguna razón, no iniciaron el encendido nuclear. No se trató del tamaño, porque se sabe que la estrella EBLM J0555-57Ab, de una circunferencia muy aproximada a la de Saturno, que es un poco menor que Júpiter, es un astro brillante que orbita alrededor de un sol parecido al nuestro.

Quizás la consistencia gaseosa, disímil a la del Sol, cuya composición es en su mayor parte hidrógeno y helio, no reunió las características para el proceso de fusión nuclear.

Algunos planetas fueron ubicados desde la antigüedad a simple vista, e inmediatamente se reconoció en ellos una diferencia: No se sujetaban al movimiento rítmico de las demás estrellas, sino que seguían patrones diferentes, movimientos retrógrados, de ahí que se los llamó *planetes* en griego(πλανητης), *errantes*, *vagabundos*. Por este movimiento atípico fueron considerados, bajo la óptica primitiva, como deidades que ocupaban un lugar especial en los cielos.

La Biblia hace referencia a Venus, un mundo muy similar en tamaño y consistencia a la Tierra, comparándolo a Satanás, el adversario de Adonai. Isaías 14:12 lo describe como *Heilel Ben Shajar* (הילל בן שחר), el *Resplandeciente Hijo de la Aurora*. Satanás, de acuerdo a la literatura bíblica, era un querubín que, ensoberbeciéndose, fue echado de delante del Señor. En su traición, arrastró a la tercera parte de los astros celestes, convenciéndolos de que se enfrentaran contra el Altísimo.

En Hechos 14:12 le confirieron a Bernabé el nombre griego de Día (δια), que era el Júpiter romano; y a Pablo el de Hermes (ερμην), que era el Mercurio romano. Los griegos le asignaron a los planetas que observaron el estatus de deidades: Marte, Mercurio, Júpiter y Venus, el Sol y la Luna.

COMENTARIOS

El sistema solar nació de la fuerza de gravedad que precipitó, como otras veces, el hidrógeno, con la gran diferencia de que ahora el disco que se formó estaba compuesto por elementos más pesados, lo que permitió también la formación de cuerpos que giraran alrededor de las estrellas.

Este hecho pudo ocurrir unos diez mil millones de años después del Estallido Inicial, en la tercera o cuarta generación de estrellas.

La Tierra, la Luna, y los demás planetas son muy pequeños en comparación con la estrella que orbitan: Se trata de los residuos del polvo cósmico que no se precipitó hacia el centro del astro, sino que atraídos por su propia gravedad, constituyeron un sistema de planetas que parece que está inmerso dentro de una gran burbuja de cuerpos helados conocida como la nube de Oort, cuyo diámetro es de casi un año luz.

PLANETA TIERRA

ויראו אפיקי מים ויגלו מוסדות תבל
**Aparecieron los contenedores de las aguas,
y se revelaron los cimientos del mundo.**
(Salmo 18:16)

De acuerdo a los astrónomos rusos Bakulin, Kononovich y Moroz, el planeta Tierra es un esferoide con una circunferencia ecuatorial de unos cuarenta mil kilómetros. Del núcleo a la superficie tiene un radio de unos seis mil cuatrocientos kilómetros. Paradójicamente, de su superficie a la mesosfera, donde están contenidos los gases de la atmósfera, hay una distancia de unos cien kilómetros: La línea de Kárman limita al espacio exterior.

La Tierra gira alrededor de su eje en un movimiento de rotación que tiene una velocidad orbital de unos mil seiscientos kilómetros por hora. Su período de rotación se completa en unas veintitrés horas con cincuenta y seis minutos, aunque se establece como norma que el día tenga una duración de veinticuatro horas.

A una velocidad de unos ciento siete mil kilómetros por hora, se desplaza en un movimiento de traslación alrededor de su estrella, el sol, recorriendo unos novecientos cuarenta y siete millones de kilómetros de distancia en trescientos sesenta y cinco días, aproximadamente, y completando lo que se conoce como un período sidéreo. Como la Tierra gira alrededor del sol en una órbita elíptica, cuando se encuentra más cercana del astro, se le conoce como el momento del perihelio, y cuando se halla más lejana, se denomina afelio.

La Tierra se adecuó como un sistema binario con el planeta Theia, hoy día llamado Luna. De acuerdo a los astrónomos, hace unos cuatro mil cuatrocientos millones de años, poco después de la formación del sistema solar, Theia impactó a la Tierra. Luego de la colisión se le añadió orbitando alrededor suyo como único satélite natural.

El encontronazo planetario produjo una inclinación del eje de la órbita terrestre de unos veintitrés grados. La posterior adhesión de Theía, que hoy llamamos Luna, contribuyó en gran manera al desarrollo equilibrado de los organismos animados en la Tierra.

A pesar de que poco más del setenta por ciento de la superficie terrestre está cubierta por agua, el líquido equivale a menos del uno por ciento de la masa total del planeta. Los fluidos en un estado denso, como lo es el agua, o en un estado más ligero, como lo es la atmósfera, representan un porcentaje ínfimo en comparación con la masa total del globo.

Con una temperatura media de catorce grados centígrados, que puede variar entre los sesenta grados bajo, o sobre cero, dependiendo del sitio geográfico y de la época en la que se haga la medición, mantiene su calor promedio gracias a la radiación solar y a la densidad de sus gases que atrapan gran número de partículas solares. Estas explosiones solares son reflejadas en un alto porcentaje por el campo magnético terrestre: un tensor eléctrico producido, al parecer, por el núcleo, que en un alto porcentaje, está constituido por hierro candente.

Todos estos factores permitieron la vida sobre la Tierra.

Si la masa de la tierra, y la densidad de los elementos que conforman la materia, fuera mayor o menor, los gases que constituyen la atmósfera habrían escapado al espacio exterior. Como resultado de millones de años de procesos químicos de evaporación, la delgada atmósfera se mantuvo en su sitio por la fuerza de la gravedad terrestre. Titán, por ejemplo, una de las lunas de Saturno, tiene volcanes activos de hielo, pero la gravedad del satélite es tan débil, que es incapaz de mantenerlo sobre su superficie: Todo el líquido que emerge de la actividad volcánica de Titán fue, y sigue siendo, atraído por Saturno, donde se añade a sus anillos. Según Édouard Roche, los anillos de todos los planetas que tienen estas formaciones, son el recuento remoto de los satélites que se les acercaron demasiado y que fueron despedazados por la gravedad.

Si el campo magnético de la Tierra fuera más débil, las explosiones solares que golpean de manera continua a nuestro planeta, habrían arrojado la atmósfera al espacio, como sucedió con Marte, cuyo débil campo magnético no pudo soportar los embistes de las tormentas solares a través de los eones. Además, la gravedad marciana, casi sesenta por ciento menor que en la tierra, también coadyuvó a que su atmósfera escapara hacia el cosmos.

La composición de la atmósfera terrestre, un setenta y ocho por ciento de nitrógeno y un veinte por ciento de oxígeno, y el otro dos por ciento repartido en diferentes tipos de gases, tardó millones de años en lograr esa textura óptima para la vida, resultado de los procesos biológicos de los organismos moleculares y celulares que transformaron lentamente el hábitat terrestre.

El planeta Venus, que se pensaba que era como un planeta gemelo de la tierra, tiene una temperatura media de cuatrocientos sesenta grados centígrados, en comparación con los catorce grados centígrados que maneja como promedio el planeta Tierra. Su cercanía al Sol, pero sobre todo, su atmósfera constituida por gases densos que impiden que el calor se disipe de la superficie, lo vuelven incapaz de albergar vida humana. Recientemente se descubrió que las nubes venusinas pudieran albergar cierto tipo de bacterias, al detectarse en ellas fosfina: en la Tierra, las bacterias toman fosfato de ciertos minerales o de materia biológica, y al digerirlo le añaden hidrógeno, resultando esta mezcla en fosfina.

De ser cierto, en unos miles de millones de años, estas bacterias podrían moldear la atmósfera venusina y hacerla apta para cierto tipo de vida molecular o celular.

La inclinación de la Tierra, resultado del impacto con Theia, permitió que los rayos solares cayeran sobre una mayor extensión del globo terráqueo, y que los cambios estacionales no fueran tan bruscos, permitiendo que la flora y fauna se multiplicara y se desarrollara en biomas estables.

Theia, que se convirtió en nuestra Luna, fungió como un regulador gravitacional en el flujo de las mareas, ayudando a mantener la estabilidad de los sistemas naturales. Por su gran tamaño, seguramente asimiló cualquier otro satélite natural que orbitara nuestro planeta, dejándonos con un sistema planetario binario sin otros satélites. La Luna sirve a la tierra como escudo natural en contra de los impactos de cualquier material espacial que amenace la vida de nuestro hogar. Si bien es cierto que un meteorito provocó la extinción de los grandes saurios, el número de catástrofes de dimensiones apocalípticas en la historia de la vida sobre el planeta, habrían cambiado para siempre el curso de los acontecimientos que permitieron al ser humano posicionarse en el sitio en que se encuentra dentro de la jerarquía de la naturaleza.

La modificación de estos factores, y otros muchos, habrían vedado de manera definitiva la vida como la conocemos el día de hoy.

La Biblia, en Génesis 1:14, en una visión completamente geocéntrica, postula la existencia de dos *meorót* (מארת), de su raíz *or* (אור), *luz: luceros* o *lumbreras*. Estos astros tenían como finalidad, de acuerdo a la cosmovisión hebrea, regular la luz en el mundo, como la narrativa lo dice: *"señorear en el día y en la noche."* Además de separar la luz de la oscuridad, el sol y la luna también servían para señalizar el inicio y el fin de los días y de los años, igualmente de pronosticar el comienzo de las estaciones. La mayoría de las poblaciones antiguas observaron en la uniformidad de los movimientos cósmicos, la manera para predecir cuándo sembrar, cuándo cosechar y cuándo guardar las reservas para el invierno. Muchos de estos pueblos del pasado erigieron construcciones monolíticas para saber el cambio de estaciones: Los sacerdotes de diversas culturas, además de lidiar con las cuestiones espirituales y de su cosmogonía, fueron astrónomos dedicados a aconsejar cuándo se debían realizar las actividades agrícolas. De alguna manera comprendieron que los ciclos solares y lunares estaban en plena relación con la estabilidad de la naturaleza, y que si se adaptaban a esos ciclos, podrían integrarse al equilibrio planetario.

En el imaginario hebreo, a diferencia de la cosmovisión de otros pueblos, el sol y la luna nunca fueron elevados a la estatura de deidades, aunque desde Génesis 2:1, las estrellas eran una especie de *"ejército celestial."* En Deuteronomio 4:19 se previno al pueblo de Israel de *"alzar los ojos a los cielos, y servir e inclinarse delante del Sol, la Luna, las estrellas, y todo el ejército de los cielos."* Los astros, desde una postura animista, estaban dotados de vida por sí mismos; de alguna manera eran como el ejército angelical de Adonai. La gran batalla entre el sol contra la luna y sus estrellas, como tantos otros pueblos describieron al sol cuando se ocultaba, en la Biblia está magistralmente expuesta en la historia de Shimshón (שמשון), de su raíz *shémesh* (שמש), *sol;* en contra de su adversaria Dalila (דלילה), de su raíz *láila* (לילה), *noche*. Cuando el héroe mítico Sansón perdió la batalla contra su adversaria, la noche, sus cabellos le fueron cortados por sus captores; lo que sería una representación de los rayos solares que son acallados cuando cae la oscuridad. Pero igual que el Sol vuelve a salir todos los días de Oriente, cuando en la historia Sansón recuperó nuevamente su cabellera, su fuerza le fue restaurada como antes de que lo aprisionaran.

En Apocalipsis 12:4, en la visión de un escritor de finales del primer siglo de nuestra era, el *tanin* (תנין), el *lagarto,* una representación de Satanás, *arrastró la tercera parte de las estrellas del cielo,* una forma metafórica de explicar que se le aliaron una tercera parte de ángeles.

Para el rey David, de acuerdo al Salmo 19:4, al cual se adjudica su autoría, el sol entraba en una *ohel* (אהל), en una *tienda* cuando caía la noche; una manera poética de explicar por qué los rayos solares se perdían cuando el astro se ocultaba en el firmamento: El sol entraba en sus aposentos para reposar, o bien, era guardado por el Señor hasta que se lo volvía a exponer al siguiente día. Eclesiastés 1:5, presumiblemente escrito por Salomón, reflexionó que: *"Sale el sol, y se pone el sol, y se apresura a volver al lugar de donde se levanta."* La simpleza en su razonamiento enfatiza en los ciclos recurrentes de la naturaleza que parecen mantener la permanencia en el paisaje. En Eclesiastés 1:6 escribió, reafirmando esta misma idea: *"El viento tira hacia el sur, y rodea al norte; va girando de continuo, y a sus giros vuelve el viento de nuevo."* Para Salomón, como para muchos otros de sus contemporáneos, la Tierra gozaba de una inmutabilidad que cimentaba la vida en la continuidad de sus ciclos.

El pensamiento primitivo bíblico, igual que las concepciones más modernas acerca de la relación entre la periodicidad de los fenómenos naturales, llegaron a la misma conclusión: El desarrollo de la vida en la Tierra dependía en gran manera de las constantes planetarias. La *imago mundi* bíblica, a diferencia de las posturas modernas, echó mano de una observación empírica que no comprendió algunos de los procesos bioquímicos, físicos o geológicos. Concluyeron una mecánica diferente acerca del mundo. Génesis 7:11 es un buen ejemplo. En su contexto, Adonai decidió acabar con toda la vida sobre la tierra, y para ejecutar su juicio destructor, envió un *mabul* (מבול), un *diluvio*. El término hace referencia a una inundación acompañada de lluvias. La narrativa dice que: "los *mayenót tehóm* (מעינות תהום), los *manantiales de la profundidad*, y las *arubót haShamáim* (וארבת השמים), las *chimeneas de los cielos*, fueron abiertas."

La forma como normalmente entendemos los fenómenos naturales, es comparándolos con lo que tenemos a nuestro alrededor en sencillas analogías empíricas: De niño solía pensar que los gases blancos que salían de las grandes fábricas eran los que producían las nubes.

A parecer, el escritor de la historia de Génesis concluyó que los océanos debían mantener su cantidad de agua por manantiales asentados en el lecho marino, y que las nubes que producían la lluvia, probablemente eran el resultado de grandes *chimeneas* que las hacían emerger: Un diluvio sería el desequilibrio de los veneros marinos y de las chimeneas de nubes, que estuvieron completamente abiertas durante cuarenta días.

El pensamiento bíblico no es uniforme, sino que dependiendo del escritor y de la época, transformó sus postulados empíricos. Eclesiastés 1:7 es un ejemplo de ello. De acuerdo a la lógica de Salomón: *"Los ríos todos van al mar, y el mar no se llena; al lugar de donde los ríos vinieron, allí vuelven para correr de nuevo."* Para el rey, el mar se había formado por los innumerables ríos que desembocaban en el piélago, y le resultaba un misterio que su nivel se mantuviera estable; también le parecía curioso que los ríos volvieran a acaudalarse una y otra vez, sin poder entender de dónde surgía esa agua.

No fue fácil para el hombre comprender que las nubes de lluvia son el resultado de la evaporación del agua marina y de la fotosíntesis en las selvas tropicales, y que muchos ríos se forman de estos procesos.

El Mar Muerto pudo justificar los postulados de Salomón, al observar que las aguas saladas se formaban del cauce del río Jordán y de los riachuelos que arrastraban en sus vaguadas los sedimentos minerales. ¿Quién pensaría que el agua dulce que salía desde el lago de Galilea podría volverse salada al estancarse en el Mar Muerto? El Mar Salado bien pudo inspirar a Salomón en sus posturas empíricas.

El pensamiento primitivo bíblico, sea cual fuere su representante o el tiempo en que cristalizó sus ideas, concibió que todos estos fenómenos naturales ocurrían de manera sistematizada, programados por una deidad que los dejó funcionando de manera mecánica: Su mala ejecución estaría supeditada a la voluntad divina, que cambiaría su programación.

Si lo pensamos, se trata de la misma lógica que utiliza la ciencia moderna, al recargar el equilibrio del sistema en leyes que bajo su previa comprobación, permiten entender el funcionamiento de la naturaleza. Cuando un valor es trastornado, como la temperatura promedio del globo terráqueo, entonces ocurren deshielos que aumentan el nivel del mar y que amenazan las zonas costeras.

Los escritores bíblicos buscaron entender estas leyes, tal y como lo hacen los científicos modernos, pero no dejaron que el azar hiciera todo, sino que dedujeron un azar domesticado: el destino previsto por una deidad que estableció esos principios.

El libro de Job 38:31-32, quizás el escrito más vetusto del Antiguo Testamento, argumentó hablando del poder del Creador: *"¿Conectarás los lazos de las pléyades? ¿Abrirás el lazo de Orión? ¿Sacarás las Constelaciones a tiempo? ¿Guiarás a la Osa Mayor y a sus hijos?"*

A pesar de que las constelaciones han cambiado de nombre, y algunas de forma, los hombres del pasado miraron a los cielos nocturnos y unieron con líneas imaginarias a las estrellas del firmamento, creyendo ver en ellas objetos o sujetos relevantes para su *weltaschauung*. El libro de Job mencionó la *Kimá* (כימה), el *Racimo*, quizás en una referencia a las *Pléyades*; el *Kesil* (כסיל), el *Insensato*, acaso *Orión*; las *Mazarót* (מזרות), las *Consagradas*, probablemente las *Constelaciones* en general; el *Áish* (עיש), el *acelerado*, tal vez la *Osa Mayor*. Todas las formaciones estelares que aparecían cada noche en el cielo nocturno, seguían con precisión el camino que el Soberano les había designado.

En un pensamiento posterior, y más complejo, Isaías 34:4 dijo que: *"Todo el ejército de los cielos se disolvería, y se enrollarían los cielos como un libro; y caería todo su ejército."* Para el profeta, la bóveda celeste era un lienzo en el que estaban pintadas las huestes celestiales, una visión de las estrellas, que a la represión divina simplemente se *fundirían*, se *derretirían* con el fondo negro de los cielos. En el día de la consumación, el Señor tomaría los cielos, los enrollaría como se envuelve un pergamino y dejaría al descubierto otros cielos, donde se pudiera percibir la morada del Altísimo.

Esta percepción de Isaías es muy similar a la descripción de la astronomía moderna que ha podido observar los confines más remotos del cosmos, como si se tratara de una burbuja inflacionaria que oculta, más allá de sus fronteras, universos paralelos.

Si Isaías hubiera tenido esta información a la mano, seguramente habría postulado que en el segundo o tercer universo paralelo se encontraba el Santuario Celestial; y que el ejército de los cielos se derretiría como el resultado de múltiples explosiones de súper novas que dejarían gas coloreado.

Las premisas de la Biblia siguen teniendo la validez empírica de cualquier persona que observa su entorno.

COMENTARIOS

La vida en la Tierra es el resultado de parámetros siderales que crearon ciclos estables. Desde los escritos más arcaicos que se integraron al canon del Antiguo Testamento, así como los pensadores que dedicaron tiempo a su estudio, las deducciones empíricas guardan el mismo trasfondo científico moderno: Descubrir las leyes que rigen las dinámicas planetarias.

Los resultados disímiles entre el pensamiento primitivo y el moderno, no se deben a la lógica empírica que siguieron ambos, sino al uso de tecnologías que permitieron afinar las observaciones.

LA VIDA

ויאמר אלהים ישרצו המים שרץ נפש חיה
Y dijo Elohim: Pululen las aguas pululantes con alma viviente.
(Génesis 1:20)

E l texto bíblico sitúa la aparición de los seres vivientes en el agua, como lo hacen las teorías de la evolución, aunque los coloca en el día quinto, mientras que el desarrollo de las plantas lo postula en el día tercero, previo a la creación de los astros del cielo. Todo lo que se pueda decir acerca de la visión primitiva que organizó la secuencia de esta manera, sería especulativa, pero parece seguir la lógica de que los astros fueron hechos para regular los ciclos de la vida.

Profundicemos un poco más en el orden cronológico de Génesis 1: Luego de que la tierra y el mar fueran ordenados, apareció la hierba, con la capacidad de producir semilla para crear la diversidad de la flora: El Señor no creó a cada planta, sino que dotó al planeta para que diversificara el reino vegetal; luego fueron puestos los astros; después aparecieron los seres marinos; otro día los animales de la tierra; y finalmente creó al ser humano, en esta primera versión: masculino y femenino.

Es curioso que el redactor bíblico no tomara en cuenta las plantas marinas, lo cual podría desatar una especulación acerca de si los primeros seres moleculares u orgánicos, eran más similares a un vegetal, que a un microorganismo. Podemos suponer que el pensamiento primitivo derivó que, como los herbívoros y los omnívoros se alimentaban de vegetales, no pudieron ser creados de manera posterior. Bajo una lógica simplista, en la Biblia primero fueron creadas las plantas, luego los reguladores estacionales para que esas hortalizas pudieran prosperar y echar su semilla a tiempo. Si nuestra lectura del texto es correcta, nos encontramos frente a una paradoja donde se cae el antropocentrismo bíblico clásico de pensar que los astros del cielo fueron hechos para servir al ser humano.

En el texto creacionista de Génesis, todo el cosmos fue diseñado para girar alrededor de las plantas, ligado con la agricultura, el puntal para que las comunidades nómadas pudieran establecer las primeras altas civilizaciones de Medio Oriente, que prosperaron a las orillas de grandes ríos, como la sociedad asiria, asentada entre el Tigris y el Eufrates.

El redactor de la historia de Génesis reconoció la importancia del sustento humano en la estaciones del año, pero también visionó que los ciclos que producían los astros beneficiaron en primer lugar a las plantas, sin las cuales ningún mamífero superior habría sobrevivido.

En las genealogías bíblicas, el hombre apareció hace unos 5782 años. El número no se aproxima a los cuando menos ciento cincuenta mil años que las pruebas de ADN pudieron rastrear a la Eva mitocondrial que habitó en el África central, de quien desciende toda la raza humana moderna, de acuerdo al proyecto del antropólogo genetista Spencer Wells. Si postuláramos que cada año bíblico tiene una equivalencia de veintiséis años humanos, tendríamos un número aproximado a los ciento cincuenta mil años desde que apareció el ADN de Eva, pero sería erróneo hacer este tipo de cuentas.

Las aproximaciones en los períodos astronómicos, a veces son de decenas de millones de años de diferencia, y en ocasiones hasta de centenas de millones de años: Cuando un astrónomo dice que la Luna se anexó hace cuatro mil millones de años, otro afirma que fue hace cinco mil millones, y otro más que fue hace seis mil millones. Esta variabilidad, como el desfase en las genealogías bíblicas, que sitúan la aparición del hombre ciento cincuenta mil años después de lo que postulan los genetistas, nos permite acercarnos a la realidad con un margen de error muy amplio. La inexactitud no las hace erróneas, sino que es parte de su veracidad científica; de la manera en como entendieron el mundo y a ellos mismos dentro de esa gran obra creadora.

Hace unos doscientos millones de años, después de que se moldeó la atmósfera primitiva en el planeta Tierra, y se enfrío lo suficiente como para permitir que el agua formara océanos, la vida apareció de la unión de dos o más átomos que formaron una molécula. Las moléculas se unieron creando proteínas, y posteriormente varias moléculas se enlazaron instaurando las primeras cadenas de Ácido Desoxirribo Nucleico (ADN) y de Ácido Ribo Nucleico (ARN), de donde provienen las dos grandes familias de organismos vivos.

El astrobiólogo Carl Sagan conjeturó que la unión atómica se debió a las condiciones en que los elementos se encontraban en el medio ambiente, al impacto de cargas eléctricas de relámpagos, a los procesos radiactivos del sol al bombardear la tierra; Otras teorías modernas, como la del astrofísico Neil de Grasse Tyson, postulan que la vida inició en las fosas marinas volcánicas.

Todos los seres vivos están conformados por la mezcla de cinco proteínas. Quizás existió un ancestro común más simple, de menos moléculas, o bien, uno de diferentes uniones de moles, porque hay una innumerable serie de prótidos. Solamente la unión de cuatro tipo de proteínas produciría ARN: Adenina, Guanina, Citosina y Uracilo; y cuatro producirían ADN: Adenina, Guanina, Citosina y Timina. Para darnos una idea, la Adenina es el resultado de la unión de cinco átomos de carbono, cinco de hidrógeno y cinco más de nitrógeno. La vida dependió, no de la unión de las biomoléculas que hicieron el ADN o el ARN, sino de su capacidad para multiplicarse.

Los virus, como las formas de vida molecular más simples, pudieron ser los primeros ancestros del árbol genealógico, aunque el salto de organismos moleculares a entidades celulares, es colosal.

Como parásitos celulares, los organismos moleculares, de acuerdo a los microbiólogos, pudieron surgir a partir de criaturas celulares en un proceso de evolución simplificada. Claude Bandai, especialista virólogo, propone, en cambio, que los seres celulares que pueblan el planeta evolucionaron de los especímenes moleculares. De ser así, los entes conformados por ADN fueron capaces de dar el salto y convertirse en individuos celulares, de quienes se pobló todo el planeta. Los organismos moleculares compuestos por ARN no pudieron transformarse en una sociedad celular y quedaron relegados al universo de los virus, donde se disputan el dominio con aquellos de ADN.

En otras palabras: se trata de tres tipos de moléculas que se combinaron, unas con Timina, y otras con Uracilo, siempre en grupos de cuatro, y a partir de las cuatro moléculas que conforman el ADN, se distribuyeron todas las formas de vida celular sobre el planeta Tierra; mientras que las cuatro que constituyen el ARN, corresponden a otra especie de especímenes puramente moleculares: virus. Así los virus, las formas más simples de vida sobre la tierra, pudieron aparecer hace unos tres mil novecientos millones de años, diez mil cien millones de años después del Big Bang.

Cuatro biomoléculas, que se enlazaron entre ellas mismas, cimentaron cadenas cada vez más largas de ADN, primero de virus, luego de seres celulares: El ADN dio vida tanto a seres moleculares como a celulares; Cuatro moléculas que se engarzaron entre ellas, dieron lugar a cadenas de ARN de organismos únicamente moleculares: virus.

En Éxodo 6:3, el Señor le reveló al profeta Moisés un nombre nuevo, con el que nunca antes había sido llamado: *"Y aparecí como El Shaddai, más en mi nombre Yehová no me di a conocer a ellos."* Esto quiere decir que antes de ese encuentro en la zarza ardiente, el nombre de Yehová era desconocido, cuando menos, para el pueblo de Israel. Ahora bien, el nombre de Yehová en hebreo, está conformado por cuatro consonantes: YHVH (יהוה); Se desconoce qué vocales lleva debajo cada una de las consonantes, y por lo tanto, cómo se pronuncia. Es muy significativo que tanto el ADN, como el ARN, estén fundamentados por cuatro moléculas, y que de esas cadenas de moléculas, el intercambio de dos de ellas tengan la capacidad de producir vida, tal y como el nombre del Bendito tiene cuatro consonantes y dos de ellas se repiten. El nombre del Señor estaría escrito en los enlaces más simples de toda la vida.

En cuanto al ARN, cada molécula está compuesta por diferentes átomos: La Adenina tiene quince átomos; cinco de Carbono, cinco de hidrógeno y cinco de nitrógeno. Así con las demás: La Guanina tiene dieciséis átomos; La Citosina trece y el Uracilo doce. Cuando trasladamos el valor numérico de cada molécula al lenguaje hebreo, nos encontramos con que el 16 corresponde a *hové* (הוה), el verbo *ser* o *estar*; el 15 equivale a Yah (יה), el nombre de YHVH en diminutivo; el 13 representa la palabra *ejad* (אחד), *uno*; y el 12 a *ava* (אוה), *deseo*. Con las cuatro moléculas de ARN se formaría la oración: *Yah desea ser uno*. El número total de los cuatro átomos de ARN suma cincuenta y seis, con una coincidencia en guematria de dos palabras: Yom (יום), Día, y; *Eima* (אימה), *Terror*, formando la sentencia: *Día del Terror*.

Marcos 12:28 narra una situación en la que un escriba le preguntó a Jesucristo cuál era el primer y más grande mandamiento, a lo que el maestro le respondió: *"El primer mandamiento de todos es: Oye, Israel, YHVH nuestro Elohim, YHVH es uno."* El énfasis del judaísmo en la transgresión al culto monoteísta siempre resultó en castigos por medio de plagas terroríficas que diezmaron a la población.

El ADN está conformado por dos moléculas de 16 átomos, con una equivalencia numérica al verbo hebreo *hové* (הוֹה), ser o estar; una molécula de 15 átomos, equivalente a Yah (יה), nombre divino; y una más de 13, con una correspondencia numérica a la palabra *ejad* (אחד), uno. Con las cuatro moléculas del ADN, se formaría la oración: *Es Yah, es Uno*. La suma total de átomos de las cuatro moléculas es de sesenta, lo que corresponde en guematria a dos palabras hebreas: *HaAdón* (הָאָדן), el Señor; y *Gaón* (גָּאוֹן), majestuoso, orgulloso.

Isaías 42:8, hablando en nombre del Señor, dijo: *"Yo soy YHVH, y este es mi nombre, y mi peso no lo daré a otro,"* revelando que Adonai no habría de compartir el orgullo de ser una divinidad creadora, con nadie más.

El ADN además repite dos veces el número 16, en los átomos que conforman a la Guanina y a la Timina, como la vocal *hey* (ה) que se repite en el nombre de YHVH (יהוה).

En Éxodo 3:14, el Bendito le expresó a Moisés: *"Eheyé Asher Eheyé* (אהיה אשר אהיה), *Seré el que Seré,"* empleando dos veces en tiempo futuro, el verbo ser o estar, que tiene la equivalencia numérica de dieciséis.

El Creador firmó su creación con su nombre en los bloques elementales de la vida.

Las coincidencias de la guematria de los átomos que conforman las moléculas de ARN y de ADN, podrían ser vistas con recelo, porque no están reflejando un pensamiento científico o pseudo científico dentro de las Sagradas Escrituras, como lo habíamos hecho en capítulos anteriores: La persona que escribió el texto bíblico no estaba al tanto, ni de que existía un mensaje oculto, y menos deseaba expresar una idea que explicara las estructuras más simples dentro de la Creación, de modo que podría tildarse de ser una coincidencia. El reclamo es válido, aunque preferimos el término: Domesticación del azar.

Ezequiel 41—47 describió de una manera muy minuciosa, lo que sería el Templo restaurado del Señor cuando volviera el pueblo de Israel de la cautividad en Babilonia. Debía de tratarse del Templo de Zorobabel, aunque históricamente, el recinto fue tan pequeño que según Esdras 3:12, *"muchos de los sacerdotes, de los levitas y de los jefes de casas paternas, ancianos que habían visto la primera Casa, viendo echar los cimientos de esta Casa, lloraban en alta voz."* Tampoco el Templo de Herodes, que fue una remodelación del Templo de Zorobabel, mostró similitudes con la visión del Templo de Ezequiel, de modo que se lo tomó como un Templo espiritual y no uno material.

Este Templo espiritual, de acuerdo al libro de los Hechos 15:16, correspondería al *Tabernáculo Caído de David*. Sería una representación de los creyentes en Jesucristo, que al confesarle como Salvador y Mesías, se convertirían ellos mismos en el Templo vivo de Adonai, tal y como Pablo lo declaró en 2 Corintios 6:16, cuando escribió: *"Ustedes son el Templo de Adonai Vivo."* Si el Señor *habita* dentro de nosotros, se encuentra inmerso en los bloques más elementales que conforman las cadenas de ADN.

Cuando las cuatro moléculas, de ADN o de ARN, comienzan a enlazarse, algunas de ellas conservan una formación simple, llamada de hélice sencilla. Esto quiere decir que las cuatro moléculas se alinean en una secuencia horizontal formando largas hileras, dependiendo del organismo; Otras construyen una doble hélice, una formación simétrica donde cada molécula se enlaza con una de las cuatro posibles: Los entes complejos utilizan la doble hélice, que vista al microscopio, se enreda entretejiendo las complicadas estructuras de toda la materia que constituye a los seres vivos. Cuando los hilos enmarañados de ARN o ADN de doble hélice se extienden a lo largo, tienen la forma de una escalera de caracol: la escalera de la vida.

Ezequiel 41:7 describió una *musab* (מוּבָס), una *escalera de caracol* que se encontraría dentro de lo que hemos interpretado como el Templo espiritual, que es una metáfora del ser humano, de modo que esa *escalera de caracol* se encuentra dentro de nosotros. Bien podría tratarse de la concatenación que conforma la doble hélice de ADN y de ARN, cuando las moléculas forman hilos interminables. De este modo, el Señor firmó los bloques primordiales de la vida y los sustentó mediante una escalera de caracol.

El proceso, el salto de proteínas que se enlazaron, a la aparición de seres moleculares, y de ahí, probablemente, a que emergieran organismos celulares, es desconocido para la Ciencia. Se han realizado experimentos en laboratorio intentando recrear las condiciones primigenias de la tierra primitiva hace cuatro mil millones de años, y lograron producir liposomas, proteinoides, coacervados y otros productos con una membrana que simulaba a la de las células, lo que podría explicar cómo fue que los primeros entes moleculares se hicieron de una membrana que protegía su incipiente ARN o ADN, pero ninguna de las creaciones humanas tiene la capacidad de replicarse y de duplicar su material genético: El proceso es completamente desconocido.

Génesis 1:22 resuelve esta paradoja con un solo mandamiento divino: *"Fructificad y multiplicaos."* Los verbos *perú* (פרו), *fructificad*, de la raíz *pará* (פרה), en su sentido más literal significa *dar fruto*. La Biblia, en su exégesis más estricta, no distingue entre el esperma de los mamíferos y entre la semilla de los vegetales, sino que para ambos utiliza el mismo término: *zera* (זרע), *semilla*. *Rebú* (רבו), *multiplicaos*, de su raíz *rabá* (רבה), está más relacionada con la idea de *muchedumbre*, de *multitud*. Para el escritor bíblico existía una sola manera en la que la vida pudo diversificarse en los millones de tipos diferentes de especies, y era mediante la mera voluntad divina.

Para los hombres de ciencia, que mediante los liposomas de laboratorio han creado productos que se utilizan en la fabricación de cremas y de ciertas medicinas que requieren de micro esferas, el fallo en la creación de organismos que se reproduzcan por sí mismos, lo justifican en el tiempo que le llevó a la naturaleza comenzar a replicarse, y especulan que si repitieran los mismos procesos durante unos cuantos cientos de miles de años, lo más probable es que sus creaciones de laboratorio un día cobrarían vida, y tendrían la capacidad para multiplicarse.

Es difícil saber si los mismos procesos repetidos millones de veces durante períodos largos de tiempo, darían con los mismos resultados, pero es el principio que impulsa a los científicos a buscar vida en otros planetas. Esta premisa científica plantearía que la vida molecular y celular sería común si se dieran las condiciones para su desarrollo: El universo estaría plagado de organismos simples que siguieron pasos similares de quienes se desarrollaron en la Tierra.

Si la vida se generó en el agua, en las calderas volcánicas que emergieron en las profundidades de los océanos, el calor pudo ser el factor que unificara la membrana celular, y a base de crear los mismos liposomas una y otra vez, el ADN codificó la manera de duplicarse por sí mismo. La radiación solar, y los errores genéticos que han empujado el proceso de la evolución de todas las especies, no sería su determinante, sino solamente una herramienta más para que la diversidad poblara el globo con la innumerable cantidad de seres moleculares y celulares que lo habitan.

La vida entonces apareció primeramente en el fondo del mar, y sus ancestros más antiguos serían los cristales de roca, más similares a las entidades moleculares que a las celulares.

COMENTARIOS

La Biblia no menciona nada acerca de los seres moleculares ni tampoco de los micro organismos celulares: En la antigüedad, las enfermedades virales o bacterianas se debían a la acción de númenes o a la ira divina. Algunas dolencias, y los remedios para sanarlas, están descritos dentro de los textos bíblicos. Inferir la acción de patógenos, imposibles de aprehender con los sentidos, devino después de la creación de las tecnologías que permitieron detectarlos.

Desde una postura mística, es muy representativa la *coincidentia* de que el mismo número de consonantes que conforman el nombre más sagrado del Señor, correspondan al número de moléculas de donde se derivaron todos los seres vivos que pueblan el planeta. Desde una perspectiva meramente teológica, podemos afirmar que la firma de Adonai se encuentra en los ladrillos que se utilizan para ensamblar a los seres vivos.

Evolución

מה שהיה הוא שיהיה ומה שנעשה הוא שיעשה
Lo que fue es lo que será, y lo que se hizo es lo que se hará.
(Eclesiastés 1:6)

Diez mil cien millones de años luego del Big Bang aparecieron los Prokaryota, término que hace referencia a los organismos celulares carentes de núcleo: las bacterias. Los Prokaryota fueron los primeros seres conformados por células, mil veces más grandes que sus predecesores, los entes moleculares, a quienes hemos postulado como los primeros indicios de vida sobre el planeta, fundamentándonos en la sencillez de su composición molecular.

En ámbitos científicos, hay quien afirma que primero aparecieron los seres celulares, y después los virus. Los microbiólogos siguen debatiendo si los virus son entidades vivas, por la sencillez de su composición molecular.

Si defendemos la postura de que los virus fueron primero, debemos enfocarnos en la membrana que poseen algunos de ellos, llamada *cápside*. La función de la cápside es la de proteger el ADN o ARN, que de alguna manera había almacenado instrucciones en cómo replicarse y necesitaba transferir esa información a las generaciones venideras. La combinación de cada par de moléculas parece ser la clave de la cápside, pero hay más dudas que respuestas.

En el lado contrario, se encuentran los que piensan que los virus aparecieron después de las células, en un proceso de evolución simplificada, porque se comportan como parásitos celulares, también llamados bacteriófagos, y que además, necesitan a una célula para reproducirse, de modo que si no tienen un hospedador, no pueden propagarse de manera natural como lo hacen las células: Dependen de las células para sobrevivir: Sin células vivas, en teoría no habría virus, y como los virus no se replican por sí mismos, no podrían haber evolucionado sin células vivas.

Esta visión solamente complica más el panorama, porque primero tendríamos que explicar cómo aparecieron los Prokaryota, mil veces más grandes que los sencillísimos seres moleculares.

A pesar de ambos argumentos, es más lógico pensar que primero aparecieron los virus, y después, cuando entraron en escena las primeras células, los virus en un proceso de especialización parasitaria, se hicieron tan dependientes de sus hospedadores, y olvidaron como replicarse. Existen pólipos marinos que utilizan un cerebro muy primitivo cuando nacen, lo que les permite adherirse a una roca: Una vez pegados a la piedra, se deshacen de su cerebro. El ejemplo de los pólipos nos proporciona un cuadro donde la evolución no siempre funciona creando seres cada vez más complejos, con redes neuronales que les permitan realizar actividades cognoscitivas, sino que cuando el medio para la supervivencia se alcanza, la simplificación a veces es una estrategia efectiva en la conservación de la especie.

Cualquiera que sea la respuesta, es como un callejón sin salida que nos regresa a preguntarnos si el huevo fue antes que la gallina. Quizás lo sabremos algún día, cuando exista más evidencia científica.

Nosotros sostenemos, como otros tantos microbiólogos también lo hacen, que las proteínas sin vida se unieron utilizando cuatro elementos diferentes, crearon una membrana alrededor suyo, y comenzaron a aumentarse, a multiplicarse, a reproducirse, hasta crecer en tamaño y complejidad, conformando la primera célula viva, con ADN dentro. Por alguna razón el ARN se quedó reservado al mundo de los parásitos moleculares. Quizás algún día se encuentre alguna célula milenaria conformada por ARN, y se pruebe que hace cuatro mil millones de años cohabitaron dos especies diferentes de organismos celulares, o quizás el ARN nunca pudo dar el salto de lo molecular a lo celular, representando un reto evolutivo infranqueable para el Uracilo. Una vez que se conformó la primera célula viva de ADN, comenzó a multiplicarse por partición: Simplemente hizo una copia de sí misma y se dividió.

Este proceso, tanto de cómo lo molecular derivó en lo celular, y cómo comenzó en un principio el proceso reproductivo, que hasta la fecha es completamente desconocido, no debió ser ni complejo ni tardo, porque la vida apareció en una tierra prebiótica, cien millones de años después de que se formara una atmósfera carente de oxígeno.

Para ponerlo en un contexto temporal: Si la tierra, junto con el sistema solar, tardó quinientos millones de años en formarse después de la última explosión de la súper nova que convirtió en una nebulosa al ancestro estelar más antiguo del cual se unió nuevamente el polvo cósmico, a la primera célula le tomó dos mil quinientos millones de años en evolucionar para convertirse en una entidad pluricelular con núcleo: Casi una sexta parte del tiempo que lleva el universo desde el Big Bang. Dicho de otra forma: Lo que al cosmos le tomó cinco, a la vida le costó solamente uno.

Por extraño e improbable que parezca, no se necesitó de oxígeno ni de un cielo azul para que la vida, molecular o celular, apareciera, sino que en las condiciones precarias y extremas de un planeta apenas en formación, las primeras criaturas microscópicas hicieron su aparición, como lo mencionamos antes, en el agua. Muchos hombres de ciencia, cautivados por esta idea, han buscado rastros de vida en los lugares más inhóspitos del planeta, y han hallado lo que se conoce como *extremófilos,* organismos microscópicos que habitan en biomas tan hostiles que por mucho tiempo se creyó que era imposible que albergaran ningún tipo de vida.

Por eso, muchos grandes astrónomos creen que la vida molecular y celular en el universo es abundante, y lo más seguro es que tengan razón. En el 2020 se descubrió fosfina en Venus, un compuesto que producen ciertos microorganismos anaerobios cuando descomponen la materia orgánica. Venus desde hace mucho tiempo se consideró como el hermano gemelo de la Tierra, por su similitud en tamaño y en masa, pero con una atmósfera rica en dióxido de carbono, crea un efecto invernadero donde el calor alcanza los cuatrocientos cincuenta grados centígrados. Su presión atmosférica es noventa veces la de la Tierra, convirtiéndolo en un sitio donde la vida compleja no encuentra condiciones para su sustento. Sin embargo, parece que la fórmula de la existencia y su perpetuación por medio de la reproducción, pareciera ser más común de lo que podríamos imaginar, aún en las condiciones extremas de Venus. Si se llega a comprobar la existencia de bacterias anaerobias en algún lugar de Venus, sea en su superficie o en sus cielos, es muy probable que en un par de cientos de millones de años, las bacterias transformen la atmósfera de dióxido de carbono en una muy similar a la que se encuentra en la tierra, permitiendo la proliferación de más entes unicelulares.

La vida microbiana en Venus sería más que una esperanza: podríamos suponer que cada sistema planetario reproduciría los mismos requerimientos para la proliferación de especies moleculares y seres unicelulares: El número de posibles sitios con vida se contaría en millones de millones, aunque llegar a esos remotos confines para comprobarlo, requeriría de tecnologías que hasta el día de hoy, son inexistentes: Si el ser humano se dedicara más a la exploración espacial y menos a la guerra, seguramente ya habríamos llegado a la galaxia más cercana.

Pero una cosa es hablar de organismos unicelulares y otra muy diferente de seres pluricelulares. Parece que las ecuaciones y las probabilidades no están a favor de la vida orgánica con núcleo, y mucho menos de seres con capacidades cognoscitivas que les permitan introspectar y preguntarse acerca de su razón de ser en el universo. La vida compleja multicelular es una rareza. Basta con mirar el tiempo relativamente corto que lo tomó a las proteínas unirse para formar a los primeros seres moleculares y su evolución en Prokaryota, unos cien millones de años. Ahora compárese el tiempo que le tomó a los Prokaryota desarrollar un núcleo: Dos mil quinientos millones de años.

La vida molecular y Prokaryota puede ser abundante en el universo, no los Eukaryota pluricelulares. Si en verdad hay vida bacteriana en Venus, tendríamos que esperar cuando menos dos mil quinientos millones de años más para que se pudiera verificar la existencia de organismos multicelulares, y otros mil quinientos millones de años más para poder testificar la aparición de organismos complejos. En términos estrictos, estaríamos hablando de unos cuatro mil millones de años para que la vida se abriera paso en la consecución de seres complicados. Si el universo tiene una edad de catorce mil millones de años, se necesitó una tercera parte de ese tiempo para producir seres biológicos con alto grado de complejidad, el tiempo que le tomó al cosmos crear dos o tres generaciones de estrellas. A este largo período de tiempo, los hombres de ciencia le llamaron Precámbrico, y corresponde, más que a una edad biológica, a todo un lapso geológico de tiempo. Los Prokaryota, en colonias de millones de individuos, y durante millones de años, estuvieron transformando la atmósfera irrespirable de dióxido de carbono en un aire rico en oxígeno, preparando, con la paciencia de la eternidad universal, el camino para la supervivencia de los entes aerobios.

La diferencia radial entre los Prokaryota y los Eukaryota es el núcleo celular, que tiene la facultad de regular la expresión génica, es decir, codificar las proteínas y expresarlas en el orden necesario para el desarrollo del organismo. En palabras más llanas, el núcleo decide cómo ordenar los bloques de proteínas que crearán a cierto organismo; se encarga del proceso de ensamblaje: Una planta tiene una forma específica porque la información en el núcleo de sus células organizó a las proteínas de cierta forma, y lo mismo sucede para todos los seres vivientes. El núcleo, en pocas palabras, contiene las instrucciones y las herramientas de armado.

La diversificación de la vida biológica en vegetales o animales, tomó solamente quinientos millones de años, lo cual indica que una vez que el núcleo tuvo la capacidad para armar las piezas del engranaje de la vida, el proceso de diversificación fue relativamente sencillo, aunque sujeto al azar domesticado, que en los términos de la ciencia moderna, son las reglas de la selección natural o artificial dentro del proceso de la evolución: El ensamblado de las piezas fue mostrando pequeñas modificaciones, ciertas mutaciones, que permitieron la diversidad de la vida sobre el planeta Tierra.

Eclesiastés 11:5 revela una verdad innata dentro del proceso de creación cuando escribió que: *"nosotros ignoramos la obra del Señor del mismo modo que no sabemos cómo crecen los huesos en el vientre de la mujer encinta."* Si hoy en día se conoce el proceso completo mediante el cual el embrión evoluciona, se desconoce cómo el núcleo especializa las proteínas para producir las células que se necesitan para formar a un ser viviente. Se sabe cómo funciona, pero se desconoce lo que ocurre en el proceso.

Para explicar la diversidad, la teoría más aceptada entre los biólogos es la de las mutaciones genéticas: Por diferentes acontecimientos, como exposición a distintos tipos de radiaciones, o a errores aleatorios en la replicación genética, fueron apareciendo especies animales y vegetales hasta constituir toda la flora y fauna que poblaron el planeta durante los últimos quinientos millones de años. Esta postura es tan simplista y lógica, que deja de lado que la mayoría de las mutaciones actúan en una misma especie, y que los cambios, cuando los hay, no crean nuevas especies, ni animales ni vegetales, sino que están enfocados en una especialización adaptativa, la mayoría de las veces, pero que sigue conservando los rasgos sobresalientes y característicos del grupo.

Los seres humanos, por ejemplo, somos tan diferentes unos de otros en cuanto a raza, la mayoría de nosotros, por las adaptaciones genéticas medio ambientales: Durante miles de años, los individuos en África adquirieron características fenotípicas diferentes de los que poblaron Europa, determinado por la exposición o carencia de luz solar; lo mismo podríamos decir de los pobladores originales de América, cuya alimentación pudo influir en su tamaño, color de cabello, de piel, o forma de los ojos, por decir algo, pero a fin de cuentas, como seres pertenecientes a la misma especie *homo sapiens*, podemos procrear unos con otros sin engendrar individuos nuevos que pertenezcan a otra especie: Si descendemos de los homínidos superiores, como postulan las teorías de la evolución, y a su vez los mamíferos surgieron de una diferenciación entre los peces, que evolucionaron al mismo tiempo como anfibios y como reptiles, estos cambios no pudieron surgir por mutaciones aleatorias que terminaron por crear las decenas de millones de especies animales y vegetales que pueblan el planeta, sino que el proceso debió ser mucho más complicado e incluir otros elementos que no se han tomado en cuenta para conformar una teoría plausible, una que explicara las grandes diferencias.

Un grupo de microbiólogos piensa que el estallido en especies diferentes se debió a la simbiosis entre diferentes reinos naturales, que pasaron de ser parasitarios a dependientes unos de otros, conformando, con el transcurrir de los eones, lo que se conoce como una simbiogénesis.

Tomemos el desarrollo de los virus hasta convertirse en bacterias, planteamiento que defendemos en este manuscrito: Las diferentes mutaciones que sufrió el ADN o ARN de los virus primigenios, explicaría su gran diversidad, pero no su crecimiento exponencial a mil veces su propio tamaño. Así, las mutaciones posibilitaron la diferencia entre uno y otro virus, pero no su transformación en un organismo celular: La simbiosis entre un virus y otro, en cambio, pudo permitir el desarrollo de una simbiogénesis, de un nuevo tipo de virus, resultado de la unión de dos organismos moleculares diferentes, que terminaron por fusionarse una y otra vez hasta crear algo completamente nuevo: Un ser unicelular; una bacteria. La mezcla de varias bacterias distintas, su simbiosis, terminarían por consolidar un primer organismo unicelular con núcleo, en un proceso donde los virus continuaron siendo, como lo son, promotores de cambios evolutivos.

En la naturaleza existen numerosos ejemplos de organismos celulares, que por sus características únicas, es difícil ubicarlos en su taxonomía: Hemos hablado anteriormente de los pólipos marinos que desechan sus cerebros para adherirse a una roca, y una vez en la roca, forman los grandes corales de los litorales, los que califican algunos como plantas con características animales, o bien, animales que son más parecidos a los vegetales: La dificultad para su categorización es que comparten características que pertenecen a ambos mundos, resultado de una simbiosis entre plantas y babosas marinas que dio en especies completamente nuevas.

Las prohibiciones alimenticias de Levítico 11 se enfocan en una clasificación taxonómica donde los animales tabú son aquellos que no tienen bien definida su pertenencia a un reino específico: Los animales que rumian con pezuña hendida son aptos para alimentación; y lo mismo ocurre con los seres marinos: Los que tienen escamas y aletas se pueden comer; Las aves carnívoras eran, en cambio, abominables para los hebreos, porque un ave no *debía* comer carne. Lo que podemos deducir de estas prohibiciones, es que cualquier animal que no estaba bien definido era abominable delante de YHVH, y por lo tanto, tabú.

Para el imaginario hebreo, los animales que no estaban bien definidos, o que carecían de las características taxonómicas mediante las cuales clasificaron a las especies, no eran aptas para la alimentación y representaba su simple contacto una contaminación ritual. ¿Los redactores de estos mandatos alimenticios comprenderían que los animales en estados transitorios representaban el futuro evolutivo en la diferenciación de especies? Difícilmente pudieron llegar a discernirlo con la lógica, aunque quizás mediante la intuición lo pudieron sospechar.

Si el mandamiento divino se enfocó en cuidar a las especies intermedias entre estadios evolutivos, es porque quizás expresó una consciencia ecológica, al comprender que son esas criaturas precisamente, las que dan pauta a nuevas especies sobre la tierra. La idea suena correcta para un fanático, pero es especulativa e imposible de comprobar, porque no tenemos manera de entrevistar al redactor, y menos a la Sabiduría Superior que inspiró al escritor para prohibir alimentarse de los seres que no estaban bien definidos. Algo que sí podemos afirmar, es que la Biblia, mediante las prohibiciones alimenticias, expresó una fascinación aberrante hacia los seres que no pueden clasificarse con facilidad.

COMENTARIOS

Pareciera que existe una contradicción entre el tiempo relativamente corto que le tomó al planeta producir vida molecular y de ahí crear vida celular, y en lo difícil que fue construir seres complejos: Los Prokaryota, en su sencilla forma bacteriana unicelular, habitaron sobre la tierra dos mil millones de años, antes de que aparecieran las entidades Eukaryota, aquellas dotadas con un núcleo. Tendrían que pasar otros quinientos millones de años para que aparecieran criaturas multicelulares, y otros mil quinientos millones de años para que Eukaryota multicelulares se combinaran y crearan organismos complicados.

Pese a que la teoría clásica plantea que la diversidad biológica proviene de las mutaciones aleatorias de los genes, es más probable que factores de simbiosis derivaran en simbiogénesis que produjeron seres vivos diferentes unos de otros: Los seres orgánicos se fueron uniendo unos con otros, y dieron especies radialmente diferentes, lo que nos situaría como el resultado de distintas simbiosis aleatorias en el transcurrir de los eones.

Extinción

ויאמר יהוה אמחה אשר־בראתי מעל פני
האדמה מאדם עד־בהמה עד־רמש ועד־עוף
השמים כי נחמתי כי עשיתם

Y dijo YHVH Elohim: Borraré lo que creé de la faz de la tierra: Del hombre a la bestia, al rastrero y al alado de los cielos, porque me arrepiento de haberlos hecho.
(Génesis 6:7)

Los procesos atómicos que dieron pauta a la formación de moléculas que se conjugaron para crear vida molecular por medio de proteínas, que después evolucionaron en formas más complejas de vida orgánica, pudieran ser comunes en el tiempo y espacio del universo.

Podríamos especular que Marte alguna vez albergó vida simple antes de que su atmósfera escapara al espacio, o vaticinar que Venus desarrollará vida orgánica en los próximos millones de años, y quizás hacer un recuento de los millones de millones de planetas que cumplen con los requisitos químicos para que los procesos que ocurrieron en la tierra, se repitan una y otra vez en la vastedad, si no es que se repitieron de una manera cíclica en los millones de años de historia espacial.

La vida molecular simple, los virus, pudiera ser abundante; la vida orgánica sencilla, las bacterias, pudiera ser el resultado de un salto evolutivo que siempre encuentra la manera de replicarse. Sin embargo, esas proteínas que nos antecedieron millones de años antes, los precursores de nuestros complejos sistemas orgánicos y cognoscitivos, se debatieron en contra de su mayor asesino: El mismo universo que les dio vida.

En las narrativas descritas en el libro de Génesis, probablemente derivadas de mitos babilonios más antiguos, se encuentra una historia que habla de una extinción masiva: El Diluvio, donde con muchas dificultades logra sobrevivir una familia y un puñado de animales.

Parece que muchas culturas antiguas desarrollaron la misma historia con ciertas variaciones, aunque la diégesis es tan parecida que ciertos investigadores llegaron a creer que se trataba de un mismo mito que se había diseminado en tiempos inmemoriales. Lo más probable es que el hombre primitivo, recopilando evidencia fósil en lo alto de las cumbres montañosas, dedujera que alguna vez la tierra entera había estado cubierta por agua. ¿A quién se le podría ocurrir que los restos marinos de vida submarina se debieran al choque de placas tectónicas que elevaron las planicies sumergidas en el mar?

El Diluvio, para los babilonios, fue el más puro arrebato de ira divina por destruir a una creación ruidosa; La Biblia nos explica que ese ruido fueron los gritos de los seres humanos clamando por justicia en un mundo donde los asentamientos humanos peleaban unos contra otros en la constante de la historia humana: La guerra fraticida. El Omnipotente, hastiado por el pensamiento malvado del hombre, decidió renovar su creación en un acontecimiento antropogónico que barrió con casi toda la vida terrestre, pero respetando la hilogenia divina y previendo que si fallaba el plan para poblar nuevamente el orbe, podía echar mano de la vida marina.

La visión de una deidad que destruye a su propia creación, no es muy disímil de la del cosmos: un asesino serial de cualquier tipo de existencia. Basta analizar de manera superficial las seis extinciones masivas que han ocurrido en la tierra desde que la vida molecular está presente, para darnos cuenta de que el universo fue diseñado para impedir el desarrollo de vida, y menos su multiplicidad.

La vida, igual que todo lo que existe más allá de las estrellas, está sujeta a los mismos ciclos de creación / destrucción, que se repiten desde las explosiones de novas y súper novas que dieron origen al sistema planetario, solamente que en períodos más cortos de tiempo. La diferencia entre el mito bíblico acerca de la extinción, es que el cosmos actúa ciega e implacablemente, sin el menor remordimiento de consciencia o sentimiento en su corazón: El cruel verdugo que dio la vida por el azar, la quita del mismo modo: por la casualidad. En el texto sacro el Creador inteligente se duele de una hecatombe total. El universo permite, también por la casualidad, que la vida no se regenere de cero, sino que de un puñado de sobrevivientes surjan otros, siempre diferentes, pero conservando dentro de ellos la matriz que los dio a luz: Los códigos genéticos de ARN y de ADN.

La primera extinción es conocida en los ámbitos paleontológicos como Ordovícico Silúrica, una escala geológica que pertenece a la era Paleozoica. Sucedió aproximadamente hace 440 millones de años. En ese tiempo, la vida pluricelular se encontraba en los océanos, que gozaban de una mayor elevación que la actual, y eran ricos en oxígeno. Los trilobites, artrópodos marinos de unos cuantos centímetros de largo, estaban diversificados en unas cuatro mil especies. Parece que ocupaban todos los nichos marinos: Les tomó mil millones de años evolucionar de la Eukaryota multicelular, para convertirse en la especie dominante durante quinientos millones de años, hasta que una gran glaciación disminuyó el nivel del mar, provocando una reducción en cerca del 86% de toda la vida en los océanos. Las escasas plantas y hongos que poblaban la tierra, apenas pudieron sobrevivir ante las cantidades industriales de dióxido de carbono en la atmósfera. Al parecer, la glaciación terminó con el efecto invernadero que mantenía una temperatura constante, y la baja repentina del clima impidió que los organismos superiores pudieran adaptarse a los cambios repentinos. El 14% de las especies sobrevivientes comenzaron el largo proceso de diversificación.

Al igual que en la historia bíblica, sobrevivió un pequeño remanente. Si por una parte, el escritor de la narrativa del Antiguo Testamento infirió sus conclusiones con base en una interpretación errónea de los restos fósiles, se debe enfatizar el hecho de que en medio de la destrucción, subsistiera un grupo que repoblara nuevamente el planeta: Bien pudo borrar de la faz del globo a todo ser humano y poner a la deidad a diseñar nuevos seres vivientes. Sin embargo, de alguna manera dedujo que la vida no se extingue en su totalidad, sino que encuentra la forma de permanecer, en el caso del relato, dentro de un arca, de donde vuelve a surgir.

Los ciclos de destrucción / creación dentro del cosmos siguen un patrón similar: Después de la gran explosión que creó el espacio tiempo, las generaciones de estrellas testifican una transformación dinámica, tal y como lo dicta la ley de la conservación de la materia: El gas de hidrógeno comprimido por la gravedad, que como resultado de esta compresión elevó su temperatura tanto que creó elementos más pesados, que culminaron en un estallido estelar, abrieron el camino para que la siguiente generación de estrellas condensara en sus núcleos elementos cada vez más y más pesados.

Los sistemas planetarios no partieron de la nada una vez que su estrella estalló, sino que continuaron transformándose en estructuras cuya composición atómica fue más compleja con cada ciclo. La biología siguió el mismo patrón: No partió de la nada con la primera catástrofe, sino que devino en su evolución y diversificación a partir de los organismos que sobrevivieron, del puñado de seres moleculares y entes pluricelulares que dieron la pauta a entes que continuaron con el mismo esquema. Este mismo planteamiento, aunque sea de una manera primitiva, parece también estar planteado en la Biblia.

Las Sagradas Escrituras, sin embargo, mencionan una sola extinción masiva, mientras que en la historia de la vida biológica, este proceso de destrucción / renovación se ha repetido cuando menos seis veces.

A la segunda catástrofe de organismos biológicos se le conoce como Extinción Devónica, que igual que la extinción anterior, se trató de una escala de tiempo que también entra dentro de la era Paleozoica, y que ocurrió hace unos 360 millones de años, ochenta millones de años después de la última hecatombe que describimos como el resultado de una glaciación que modificó el clima de nuestro planeta.

Si antes de la extinción Ordovícico Silúrica, había pequeños hongos y algunas plantas tratando de sobrevivir en la superficie seca del planeta, soportando trabajosamente el aire lleno de dióxido de carbono, en los tiempos previos a esta segunda extinción, el orbe se pobló de plantas y los océanos desarrollaron formas vertebradas muy similares estructuralmente a los peces, tal y como los conocemos. Al parecer, los primeros anfibios comenzaron a aventurarse cada vez más lejos de sus ecosistemas marinos, siguiendo la brecha que iba abriendo el mundo vegetal.

Por otra glaciación que cambió de modo drástico el clima del planeta, enfriándolo de repente, o quizás por el impacto de un asteroide, cerca del 70% de la vida se terminó de pronto, con una mayor afectación a los seres marinos y a los vertebrados terrestres de las zonas tropicales. Las pocas especies de trilobites que sobrevivieron a la primera catástrofe, perecieron en ésta. Una vez más, un cambio rápido en el clima de la Tierra produjo la desaparición de innumerables especies, pero tal como lo mencionó la historia bíblica, con el puñado que logró adaptarse a las nuevas condiciones climáticas, la vida encontró la manera de permanecer.

Quizás el término que acuñó Darwin sea correcto: La lucha por la supervivencia, ante un mundo que fue diseñado para terminar con sus pobladores cuando éstos apenas se estaban adaptando a su nuevo ecosistema.

Parece que la vida, o al menos eso dice la teoría prevaleciente, necesitó de unas condiciones muy específicas para comenzar su travesía, de modo que desde su inicio, hace unos cuatro mil quinientos millones de años, no se han vuelto a desarrollar nuevos organismos moleculares. Es difícil comprobar la veracidad de estas proyecciones teóricas, pero también lo es constatar lo contrario, siendo el mundo de los virus uno molecular cuya observación requiere de sofisticados microscopios. El orbe de los animales biológicos sigue representando un desafío en cuanto a la exhaustiva datación de especies: Con frecuencia se descubren nuevas alimañas en todos los nichos ecológicos. Si esto sucede con los seres que podemos observar con nuestros sentidos, ¿por qué podríamos suponer que la creación de nuevos seres moleculares se detuvo en los tiempos inmemoriales donde las condiciones para que la vida floreciera eran en mucho más precarias de lo que son ahora? ¿La atmósfera enrarecida en realidad tuvo que ver con la aparición de vida?

Venus podría tener la respuesta si en verdad encuentran vida dentro de sus nubes cargadas con dióxido de carbono, de otra forma, podríamos suponer que la aparición aleatoria de organismos moleculares es más común de lo que pensamos, pero la carencia de tecnologías que los cuantifiquen quizás sea subsanada en un futuro no muy lejano.

En el 2020 hubo una Pandemia de Coronavirus, una especie de virus de la gripe con una variación zoonótica presumiblemente causada por murciélagos. El SARS Cov 2 sufrió cuando menos cuatro mil mutaciones genéticas en solo un año, lo que demuestra la facilidad de los organismos moleculares para modificar su estructura. Si los cambios de cada ser molecular pudieran trazarse del mismo modo, quizás en una veintena de años aparecerían frente a las lentes de los microscopios nuevas especies que surgieron de formas previas. Si esto fuera cierto, se tendría que añadir a la ecuación la simbiosis que lleva a la simbiogénesis de especies cada vez más complejas que podrían explicar la diversidad biológica que predomina sobre el planeta.

Algo queda claro: desde la primera explosión de seres moleculares, las grandes extinciones masivas no terminaron con la totalidad de la vida superior.

Hace unos doscientos sesenta millones de años, cien millones de años después de la última catástrofe biológica, sucedió otra mortandad masiva, la tercera ya desde los primeros albores de la vida, conocida como la Extinción Guadalupiense, una escala geológica que perteneció al período Pérmico. Durante este tiempo los océanos continuaron produciendo diferentes tipos de peces y plantas, pero llama la atención que sobre la tierra aparecieron los primeros insectos, del tipo coleópteros, es decir, más similares a los escarabajos; Los anfibios dieron paso a los primeros reptiles, que se convirtieron en grandes saurios de cuatro patas, como el dimetrodon, un género de pelicosaurio de tres metros de longitud cuya espina dorsal formaba una gran vela en forma de abanico. Al parecer, una serie de erupciones en Siberia, producidas por el impacto de algún meteoro, o quizás por causa de las placas tectónicas, inundaron de lava un millón de kilómetros cuadrados, formando los basaltos de Emeishan en el sudoeste chino. El fenómeno desencadenó columnas de metano, sulfuro de hidrógeno y dióxido de carbono que causaron estragos en el clima y aniquilaron hasta un 60% de las especies marinas y casi 98% de las especies terrestres.

El camino de la supervivencia de los organismos celulares superiores no ha sido nada fácil. A la Tierra se le dio la potestad con la que fue dotado Adán en Génesis 1:28, cuando se le dijo que *sobajara* y que *señoreara* a todos los animales sobre el planeta.

Solamente diez millones de años después se suscitó otro acontecimiento destructivo masivo, conocido como la Extinción Pérmica Triásica. Ocurrió tan cercana en tiempos geológicos a la Guadalupiense, que ciertos investigadores piensan que se trató del mismo escenario, o bien, de los efectos a largo plazo que la masiva erupción volcánica, pudo ocasionar en los siguientes millones de años. El hecho es que hace doscientos cincuenta millones de años, durante el período Triásico, perteneciente a la era Mesozoica, ocurrió la peor extinción de seres celulares superiores sobre la tierra, cobrándose hasta el 90% de toda la vida sobre el planeta, tanto en mares como en tierra seca. El planeta se calentó tanto por las altas concentraciones de dióxido de carbono que produjeron un efecto invernadero de larga duración, y los mares se acidificaron de tal manera, que la vida pendió de un hilo, en el sentido más estricto de la palabra. Del diez por ciento sobreviviente provino la vida tal y como la conocemos en la actualidad.

De haberse extinguido todos los pluricelulares superiores, es difícil especular qué tipo de biología existiría el día de hoy sobre nuestro planeta. Después de este hecho catastrófico, la vida marina desarrolló una mayor complejidad y aparecieron un gran número de especies nuevas que prosperaron durante los siguientes cincuenta millones de años, hasta que la quinta extinción asestara su golpe sobre los seres vivientes.

Hace doscientos millones de años, sucedió la extinción Triásico Jurásica una escala geológica que perteneció a la era Mesozoica. Cerca del 20% de la vida marina se extinguió, así como la mayoría de los mamíferos de ese entonces y muchos anfibios. Se cree que la catástrofe fue causada por el impacto de múltiples asteroides y erupciones volcánicas que produjeron un cambio climático drástico. Los sobrevivientes de esta hecatombre fueron los arcosaurios, un tipo de reptiles de donde provienen los cocodrilos y las aves modernas, y por supuesto, los grandes saurios que dominaron hasta la sexta y última extinción.

Durante las cinco extinciones masivas que hemos visto, el denominador común fue el cambio climático, aunado a la incapacidad de adaptación de las entidades biológicas superiores.

La última extinción es conocida como la Cretácica Paleogénica, en el período geológico del Cenozoico. La vida proliferó durante ciento treinta y cinco millones de años, lapso en el que prosperaron los grandes saurios. Parece que Génesis 6:4 los menciona cuando hace mención de los *nefilim* (נְפִלִים), término que describe a los *paquidermos*, pero que bien podría ser una clara referencia acerca de los dinosaurios.

Hace unos sesenta y cinco millones de años se extinguió más del 70% de la vida en la Tierra, principalmente por el impacto del asteroide Chicxulub en la península de Yucatán, en México, enviando al planeta a lo que sería la semejanza de un invierno nuclear.

Los pequeños mamíferos que sobrevivieron dieron lugar a un proceso evolutivo que culminó en la creación de una especie de homínidos superiores con capacidades cognoscitivas muy avanzadas: El ser humano, el depredador alfa dominante durante los últimos ciento cincuenta mil años.

Ya transcurrieron casi setenta millones de años desde la última extinción masiva, lo que eleva la probabilidad cósmica de que ocurra otro acontecimiento catastrófico, eso, o que el mismo ser humano sea el causante de otro desastre ecológico global.

COMENTARIOS

La vida se ha enfrentado con un planeta que desde su diseño más prístino no concibió cuidado alguno sobre los organismos que lo pudieran poblar.

Cuando menos en seis ocasiones, que han sido documentadas por los hombres de ciencia, la vida celular superior se ha enfrentado a su extinción, tal y como lo relata la narrativa bíblica, sobreviviendo un puñado de especímenes que darán pauta para que los delicados hilos de la creación puedan diseminar y diversificarse nuevamente.

Un acontecimiento antropogónico, cuyas bases se fundamentan en la simbiogénesis que los organismos moleculares y celulares más simples, utilizaron como medio para la supervivencia y para la replicación en un ambiente hostil y eriazo: Pareciera que el cosmos siempre apunta a destruir su creación, y sin embargo, aquí estamos los homínidos superiores con un desarrollo congnoscitivo muy por encima del común de todas las especies que nos antecedieron.

DINOSAURUS PRISTINUS

יברא אלהים את התנינם הגדלים
Y creó Elohim los grandes lagartos.
(Génesis 1:21)

Parece como si hubiéramos hecho un salto infranqueable desde que los primeros Eukaryota nucleados aparecieron sobre la faz de la tierra hace cuatro mil millones de años. En realidad, ese es el planteamiento científico *per se:* La mayoría de los evolucionistas que defienden las posturas de Darwin, simplemente dejaron al tiempo y a las mutaciones, la variedad biológica.

La cosa no fue tan sencilla como genes mutando aleatoriamente hasta convertir la variedad de especies biológicas vegetales y animales que hoy pueblan el orbe. Si bien, una mutación explicaría una especialización cada vez más avanzada en una especie, deja de lado la pluralidad y la multiplicidad del complejo reino de los seres vivos.

La simbiogénesis, que es la capacidad de dos organismos diferentes de convertirse en uno solo, es un campo que ha sido relegado a la microbiología y que fue suprimido en las teorías evolucionistas, creando una visión miope e inconclusa de cómo las entidades pluricelulares se transformaron en complejos seres vivos dependientes de procesos que involucran una heterogeneidad de organismos que actúan en conjunto para lograr la estabilidad de un ser superior. Baste con ejemplificar la rica fauna que se encarga de los procesos digestivos y que proporciona un equilibrio perfecto para que su hospedador continúe con una vida saludable: En el estómago humano habitan más de ciento cuarenta mil especies diferentes de virus bacteriófagos. Las nuevas especies representan páginas enteras en blanco acerca de la completa historia del desarrollo de los entes biológicos.

Se desconoce si el ARN y el ADN fueron los representantes de dos especies de organismos que aparecieron bajo el prisma de unas condiciones singulares en el planeta, si existieron más entidades que incluyeron otro tipo de moléculas, pero que no sobrevivieron, o si ADN y ARN se simbiotizaron en la lucha por la supervivencia, en la replicación, en la reproducción, meta que comparten los seres más pequeños del planeta: los virus, así como los homínidos superiores con el mayor avance cognoscitivo: el ser humano. Si los primeros seres celulares, Eukaryota o Procaryota, con o sin núcleo, fueron bacterias, se desconoce si sus mutaciones y procesos simbiogenéticos poblaron primero el reino vegetal y luego el animal, o si correspondieron a una mezcla entre ambos, o si siguieron caminos alternativos cada uno creando su propio reino. Tampoco se sabe cómo, después de unos cientos de millones de años, estos organismos se hicieron tan complejos que dieron cabida a las formas caprichosas que conforman las estructuras biológicas, así de plantas como de animales, seres vivos que mediante alquimia biológica transforman la energía para poder desempeñar las necesidades más básicas de todos los vivientes. La Ciencia tiene un velo que no ha podido develar.

Lo cierto es que entre esas criaturas que durante millones de años fueron moldeando sus características físicas, los seres marinos conservaron sus mismas estructuras desde que aparecieron, hasta el día de hoy. En su búsqueda por poblar la tierra seca, y siguiendo los pasos de los vegetales, se aventuraron en procesos adaptativos que los catapultaron a convertirse en anfibios, y de ahí, en dinosaurios, vocablo griego que deriva de las voces *deinos* (δεινος), *terribles*, y *sauros* (σαυρος), *lagartos*. La mención en Génesis 1:21, cuando el Señor creó a los *taninim* (תנינם), a los *lagartos*, podría ser también una mención indirecta de los grandes *sauros* que aparecieron hace unos doscientos cuarenta millones de años y que sobrevivieron a varios cataclismos planetarios. Los remanentes de estos grandes monstruos son los reptiles modernos y las aves. Terminaron su reinado de ciento ochenta millones de años durante la extinción Cretácica Paleogénica. Antes de este tiempo, evolucionaron para convertirse en máquinas asesinas, cada generación con cambios que les permitieron volverse más rapaces, más peligrosos, más mortales. La evolución no siempre lleva al desarrollo de las capacidades cognoscitivas de una especie, sino a los mejores caminos para la supervivencia.

Si contamos su permanencia desde la última extinción del Triásico Jurásico, y de ahí derivamos su desarrollo evolutivo, que no partió de cero, sino de las especies que sobrevivieron, estamos hablando en términos llanos de un período de ciento cincuenta millones de años de evolución, durante los cuales, los grandes saurios no desarrollaron un cerebro más grande, ni aprendieron cultura o ciencias, ni tuvieron crisis existenciales ni tampoco se preguntaron acerca de su propio destino: Simplemente la evolución los condujo a convertirse en seres más competitivos en su entorno: algunos de ellos se volvieron más letales, y otros aprendieron las artes de la supervivencia mimética en un mundo sumamente peligroso.

Esta reflexión, casi tautológica, nos debe llevar a imaginar que si procesos similares de creación orgánica surgieron, surgen o surgirán en algún remoto planeta de esta galaxia o de alguna otra, esos desarrollos que dieron entrada a la vida sobre el planeta, no necesariamente conducirán a la creación de entidades con talentos cognoscitivos elevados, y con la capacidad de comunicación interestelar por medio de tecnologías de vanguardia que surgieron a raíz de un pensamiento inventivo único.

Si es probable que exista vida en otros planetas, como lo podrían demostrar muy pronto las nubes de Venus, el desarrollo de organismos multicelulares superiores no implica que tendrán la consciencia para desarrollar herramientas y tecnologías de comunicación que permitan la exploración espacial, o siquiera el envío de señales más allá de sus límites atmosféricos.

El incremento en las capacidades cognitivas es una rareza en la naturaleza, una *singularitatem* que apareció cuando el *homo erectus*, o algún ancestro similar, comenzó a comer carne cocida: La mejora en la digestión le permitió al cerebro crecer en tamaño y habilidades.

Si existe un patrón donde los organismos moleculares que dieron pauta a que las entidades celulares se transformaran en vegetales, luego en peces y más tarde en reptiles, no queda tampoco claro cómo es que aparecieron los pequeños mamíferos que en un lapso de suerte cósmica pudieron escalar a la cima de la pirámide en lo que fue un momento de causalística suerte estelar cuando un meteoro terminó con el reinado de los grandes reptiles: los dinosaurios. De no haber ocurrido el suceso espacial, sesenta y cinco millones de años después seguirían dominando.

La *weltaschauung* hebrea concibió un mundo previo al de los seres humanos que estuvo poblado por *nefilim* (נְפִלִים), por *paquidermos*, o como se ha traducido en algunos textos bíblicos, por *gigantes*. El descubrimiento de restos fósiles pudo destacar un pensamiento paleontológico primitivo que dedujera la existencia de grandes monstruos que dejaron huella sobre el planeta, y de los cuales no sobrevivió ninguno a la extinción del Diluvio, hecatombe que de acuerdo al relato bíblico fue causada por un alza en el nivel de los mares. Para los hebreos, existían vestigios de aquellos seres prehistóricos: Huesos enormes que no corresponderían a ninguna criatura conocida.

Números 13:33, y otros muchos textos del Antiguo Testamento, apuntan a una raza humana de gigantes: *"Y allí vimos a los nefilim hijos de Anac, de los nefilim."* El término que tradujimos como *paquidermos* fue empleado indistintamente para denotar a una especie de seres grandes que pudieron ser bestias o humanos. Los hebreos creyeron ver en los anaceos a descendientes de los antiguos *gigantes* que poblaron la tierra antes del Diluvio. Si bien, todos los seres humanos serían descendientes de Noé, por alguna razón había este tipo de hombres de gran estatura a quienes se les vinculaba con los *nefilim*.

La cosmovisión hebrea también concibió bestias que sobrevivieron a la gran extinción diluviana, aunque pertenecieron al imaginario colectivo de mitos y leyendas. De acuerdo a las divisiones taxonómicas de los antiguos hebreos, el mundo de las bestias se dividía en tres grandes rubros: Los animales terrestres, los animales voladores, los animales marinos y los insectos. Los que no entraban dentro de estas características específicas eran considerados como una abominación, de tal manera que cualquier animal debía de estar bien definido dentro dentro de los estándares que consideraron para su taxonomía: Los peces debían tener aletas y escamas; los seres voladores debían ser herbívoros; los animales terrestres, para ser comestibles, debían tener pezuña hendida y rumiar, con ciertas excepciones; los insectos ritualmente limpios debían tener dos patas traseras para impulsarse. Los reptiles, anfibios y cualquier otro viviente que estuviera en un estado intermedio de evolución, era considerado inmundo: cualquier contacto incluso con su cuerpo muerto, suponía ciertas reglas para que el individuo pudiera integrarse nuevamente a la sociedad. De los cuatro reinos, el de los insectos quedó excluido de albergar bestias colosales.

De acuerdo a la *imago mundi* taxonómica, tres vivientes podrían considerarse como los alfas de cada grupo, cada uno como el máximo representante de los animales terrestres, marinos o voladores. Cada uno de ellos también podría ser una reminiscencia imaginaria de los *nefilim* que habitaron otrora la tierra, antes de que la extinción masiva denominada Diluvio, los arrasara de sobre la faz del planeta.

El primero de ellos es el *Behemót* (בהמות), con mayúsculas, derivado del hebreo *behemá* (בהמה), cuya traducción más literal sería la de *ganado*. Al *behemá* se lo quiere vincular con el buey de río o con el hipopótamo, pero normalmente, la narrativa del Antiguo Testamento utiliza el término cuando se habla de vacas o de bueyes en general. Su plural *behemót,* en minúsculas, implicaría a más de algún animal de granja. En mayúsculas se trata de un animal extraordinario, aunque el hebreo no distingue palabras mayúsculas o minúsculas, y la mención la empleamos con fines técnicos para que el término quede más claro en español. El *Behemót* se distingue de los *behemót* de acuerdo al contexto donde aparezca la palabra. Se trata de un plural que hace referencia a solamente un animal.

Job 40:15—24, lo describe de manera detallada, y lo compara a *"un buey que come hierba,"* en esta idea de que tendría alguna similitud con una *bakar* (בָּקָר), con una *vaca*, un *toro* o un *buey doméstico*, cuya *"fuerza estaba en sus lomos y su vigor en los músculos de su vientre."* A diferencia del ganado, su *"cola"* era tan grande, que la *"movía"* como si se tratara de un *"cedro,"* siendo esta comparación lo que nos permite determinar el tamaño formidable del mamífero: Los cedros, alabados especialmente los del Líbano, tenían una gran altura. El texto bíblico sigue describiendo su fortaleza física, al comparar sus *"huesos de bronce,"* sus *"miembros como barras de hierro,"* y sus *"músculos entretejidos."* La narrativa echa mano de los materiales que se empleaban para la batalla en aquellos tiempos. Alimentarlo no era una tarea sencilla, porque *"los montes producían hierba para él,"* y tenía la capacidad de beber *"todo un Jordán que se estrellara contra su boca."*

Para el escritor bíblico, se podía encontrar a esta bestia fantástica *"echada debajo de las sombras de las cañas y de los lugares húmedos,"* cubierto *"por los sauces del arroyo y por los árboles sombríos,"* lo cual podría coincidir con la descripción del hipopótamo, uno gigantesco quizás, aunque imposible de domar, porque nadie podría *"horadar su nariz."*

Es improbable que el relator hiciera mención de un superviviente del Cretácico: aunque parece muy convencido de que se podía encontrar en ciertos parajes solitarios *húmedos:* más bien se trataría de una narrativa legendaria, lejos de la realidad.

El segundo animal que ocupaba la cima de entre los animales fantásticos, pertenecía al mundo de los *volátiles*. El término *of* (עוֹף), describe al mismo tiempo el verbo *volar* como al objeto que realiza la acción: el *volador*. Existen otros términos que se utilizan un número menor de veces: *tzipor* (צִיפּוֹר), *pájaro* y *rijef* (רחף), *planear*. Otras palabras describen diferentes tipos y especies de aves, pero en general, nos podemos hacer una idea acerca de la división taxonómica que dividía el mundo de los *voladores*; los que tenían *kenafáim* (כְּנָפַיִים), alas, de aquellos que no podían volar. La división es muy amplia, y aunque algunos plumíferos son incapaces de elevarse, como las gallinas, parece que esto no les importó mucho a los antiguos hebreos. En esta división taxonómica, debían de tener *plumas* y *alas*, y considerarse *voladores*. Los insectos que revoloteaban estaban excluidos en esta manera particular de dividir a las especies animales, y pertenecían a otro reino.

Es muy probable que los tres grandes *monstruos* fueran representantes de las especies ritualmente aptas para alimentación humana, relegando a los animales impuros o sucios a un esquema donde era inconcebible que el Señor les pudiera adquirir dimensiones fabulosas.

En el Salmo 50:11, se hace una oscura y única mención del ave descomunal, conocida como Ziz (זיז). De la raíz *zaz* (זז), el verbo *kal* significa simplemente *moverse*. En una traducción textual, el Salmo 50:11 diría: *"Conozco a todos los volátiles de las montañas, y el Ziz de mi campo me pertenece."* Aunque la descripción es muy exigua, y no se encuentran otros textos bíblicos que amplíen algunos datos sobre el animal, el ave prehistórica quizás sería tan pesada que no podría levantarse de la tierra, por eso se la encuentra en el *campo* y no surcando los cielos, como le correspondería a cualquier pájaro. La descripción pudo inspirarse en las aves aladas que no pueden elevarse, como las avestruces africanas, con las que debieron tener contacto los viajeros, en historias, o quizás también estuvieron al tanto de otro plumífero contemporáneo del que se perdió su memoria. En Australia, por ejemplo, habitó el dromornithidae, similar a un kiwi gigante, cuya extinción se detalla a su contacto con los primeros seres humanos.

La tercera bestia pertenece al ámbito de los mares, cumpliendo así las tres grandes divisiones de los reinos de los animales puros en sentido ritual.

Si se carece de descripciones bíblicas detalladas acerca del Behemót y del Ziz, el monstruo marino llamado Leviatán es todo lo contrario. Job 41 extiende treinta y cuatro versículos de descripción densa acerca de sus características morfológicas: *"A su sola vista se desmayarán... las hileras de sus dientes espantan... su vestido son escudos fuertes, cerrados entre sí estrechamente... con sus estornudos enciende lumbre, y sus ojos son como los párpados del alba; de su boca salen hachones de fuego, centellas de fuego proceden... de sus narices sale humo... su aliento enciende los carbones, y de su boca sale llama."* Si el narrador le hubiera puesto alas, sería la descripción más cercana a la concepción de los *dragones* medievales. El Leviatán (לויתן) bíblico, de su raíz *lavá* (לוה), *permanecer*, pudiera estar vinculado al remanente de los gigantes prehistóricos. No debe extrañarnos que el animal en cuestión fuera marino, porque con el avistamiento de las grandes ballenas, el mar siempre despertó dentro del imaginario colectivo de todos los tiempos, las ideas de monstruos formidables ocultos en su profundidad.

El hecho de que el Leviatán tuviera la capacidad de arrojar fuego por la boca, pudo surgir con la apreciación de volcanes en el lecho marino, para los cuales el hombre antiguo careció de medios para comprender cómo era posible que el fuego surgiera en medio de su opuesto: el agua. Sea cual fuere la génesis inspiracional del monstruo acuático, su detallada descripción pudiera suponer avistamientos frecuentes. Como mencionamos, un balénido, como el que se piensa que devoró al profeta Jonás y que luego de tres días lo arrojó en tierra firme, quizás fue la fuente de iluminación, aunque no descartamos que el hallazgo de restos fósiles de algún saurio de gran tamaño, un brontosaurio o un diplodocus, coadyuvaran al imaginario colectivo.

La Biblia hace un recuento de bestias fantásticas que bien pudieron ser una reminiscencia de los grandes saurios que poblaron la tierra durante millones de años. Es muy improbable que ninguno de estos animales estuvieran con vida cuando se cristalizaron la historias, y que más bien, fueran restos fósiles y otros acontecimientos de la naturaleza, los que despertaron en el hombre primitivo la capacidad para imaginar monstruos colosales que estuvieran en los primeros escalafones en el ciclo de la vida.

COMENTARIOS

Los grandes saurios dominaron sobre la tierra durante miles de millones de años, y sus restos pudieron despertar en la imaginación primitiva la existencia de criaturas fantásticas que resaltaran en las mayores especies animales, revelando también una muy específica diferenciación taxonómica.

Las narraciones bíblicas, en ciertos pasajes, podrían tratar de un recuento paleontológico arcaico, aunque en su mayoría, sería una recopilación de narrativas fantásticas, que inundaron el ingenio primitivo, donde imaginaron grandes monstruos en la profundidad de los abismos marinos, o bien, escondidos en las praderas más allá de los horizontes conocidos. La descripción de un mundo prehistórico y la narrativa fantástica, comparten aristas coincidentes, más que estatutos rectores del mundo previo a los mamíferos.

Homo Caelum

וייצר יהוה אלהים את־האדם עפר מן
האדמה ויפח באפיו נשמת חיים
**Y diseñó YHVH Elohim a Adám, polvo de
la tierra, y sopló en su nariz ánima viviente.
(Génesis 2:7)**

Cuando los saurios murieron por la carencia de alimentos, debido al invierno nuclear que produjo el impacto de un asteroide en la península de Yucatán en el sureste mexicano, los pequeños mamíferos se hicieron del control total del planeta, evolucionando en las formas más diversas. Las teorías modernas más aceptadas sobre la aparición del ser humano concluyen que somos una variante de los homínidos.

Se han encontrado restos fósiles de pequeños simios del tamaño de un pulgar humano de hace ciento cincuenta millones de años, comprobando que la estructura no varió mucho desde entonces, y que los cambios se enfocaron en el crecimiento de la forma orgánica. En términos llanos y reductivos: El ser humano es un gran simio con capacidades cognitivas de una singularidad excepcional.

En un párrafo se extinguieron los grandes saurios, en el siguiente aparecieron los mamíferos, y luego surgió el hombre caminando por la sabana africana. La realidad es que el proceso de evolución fue tan complejo que existen vacíos infranqueables cuando se lo trata de vincular en una línea cronológica de tiempo: La separación de la familia de los grandes simios, de acuerdo a los hombres de ciencia, pudo ocurrir hace unos seis millones de años.

En esa historia transformadora, donde los procesos de simbiosis y simbiogénesis jugaron un papel fundamental para el desarrollo del ser humano, en los siguientes cuatro millones de años aparecieron cuando menos otras seis especies de sapiens. Algunos atravesaron el umbral que los volvió incompatibles para el apareamiento; Unos nos legaron su ADN; Otros sobrevivieron hasta tiempos modernos.

Hace dos millones de años apareció el *homo erectus*. Se cree que evolucionó de un antepasado común africano: el *homo ergaster*, y que dejando el continente africano se aventuró hacia Asia oriental. Homínido que alcanzó un metro con ochenta centímetros, era musculoso y llegó a tener un volumen craneal de mil cien centímetros cúbicos, comparado con el volumen craneal de un chimpancé moderno, por ejemplo, que es de cuatrocientos centímetros cúbicos, el *homo erectus* casi triplicaba su inteligencia.

Hace unos setecientos mil años, surgió otro homínido superior: el *homo luzonensis*. Quizás pariente cercano del *homo floresiensis*, la carencia de evidencia paleontológica solamente ha permitido especular a los científicos sobre su pequeño tamaño de un metro con veinte centímetros. Una especie de *homo* muy disímil del alto *erectus*.

Hace unos trescientos mil años apareció el *homo denisova*. Adaptado al clima de las estepas siberianas, los denisovanos eran compatibles genéticamente con *neanderthales*, de quienes engendraron hijos.

Estas tres especies desaparecieron hace cincuenta mil años, cuando el *homo sapiens*, de quien se especula que descendemos los humanos modernos, llegó a sus hábitats.

Dos especies sobrevivieron más tiempo al encuentro del *sapiens:* El *homo neanderthalensis* y el *homo floresiensis*.

El *homo floresiensis* fue una especie de proto humano de un metro de altura que habitó en el archipiélago indonesio, en Liang Bua, en la Isla de las Flores. Se descubrió que era un tipo de simio con capacidades cognitivas muy avanzadas. Hasta mediados del siglo XX tuvieron contacto con los seres humanos, desapareciendo al ser consumidos sus biomas. El *homo floresiensis* escapó durante estos cincuenta mil años al embate del *sapiens*, quizás por encontrarse en esa isla remota de Indonesia, que permaneció sin el contacto humano por un largo período de tiempo. Se cree que el pequeño homínido superior llegó a la Isla de las Flores por el movimiento de las placas tectónicas y por la baja de la marea. Después volvieron a subir las aguas y quedó incomunicado del resto del globo. Cuando *sapiens* perfeccionó sus capacidades para dominar los océanos y se estableció en el lugar, convivió con una especie cuya evolución había abierto tal brecha que les creó una infranqueable incompatibilidad. El *floresiensis*, capaz de articular algunas palabras, en casi un millón de años de evolución humana, siguió siendo un simio.

El cerebro de los *floresiensis*, de un tamaño de cuatrocientos metros cúbicos, era similar al del *australopithecus*, un primate que habitó África hace unos cuatro millones de años, cuya masa encefálica era de unos cuatrocientos cincuenta centímetros cúbicos. A pesar de llevar una evolución independiente por más de ochocientos mil años, siguió siendo más parecido a los simios que a los seres humanos modernos.

El *homo neanderthalensis*, la especie humana que por mucho alcanzó la capacidad craneana más grande de todas, mil quinientos centímetros cúbicos, doscientos centímetros más que el hombre moderno. Fue el homínido más inteligente de la historia que haya pisado la Tierra. Por mucho tiempo se pensó que se trataba de una especie incompatible con el *homo sapiens*, hasta que las pruebas de ADN demostraron que cierto grupo poblacional en Europa tiene un reducido porcentaje de *neanderthal* en su ADN. El entrecruzamiento inter especies, aunque posible, fue un hito excepcional, porque entre los *sapiens* se necesita química para el apareamiento.

Corpulento y de tamaño medio, uno setenta centímetros como mucho, necesitaba comer a granel para que su cerebro funcionara correctamente.

Este humano súper inteligente tuvo un lenguaje articulado, utilizó herramientas complejas, estuvo bien adaptado a los climas fríos y tuvo intercambio mercantil con su contraparte humana.

Su inteligencia lo libró del salvaje *sapiens* por más de veinte mil años, pero careció de la agresividad característica de nuestra especie, y que ha llevado al exterminio masivo de otras comunidades de seres humanos a lo largo de la historia: Ni su gran inteligencia lo libró de la extinción.

En cuanto a organización social, mientras que el *sapiens* buscaba los lugares altos, para dominar las llanuras y estar al tanto de sus alrededores, el *neanderthal* prefirió las cuevas hasta el día que desaparecieron.

Si existió una Eva mitocondrial, madre de todos los humanos, vivió en África hace seis millones de años. Engendró seis hijos diferentes unos de otros, algunos compatibles entre ellos y otros no, hasta que apareció Caín, el *homo sapiens* de donde provenimos todos los seres humanos, hace unos trescientos mil años en África, y mató a su hermano Abel: Cuando dejaron el continente, hace unos setenta mil años, unos cien mil en número, se extendieron por todo el globo, y en veinte mil años acabaron con tres especies humanas.

Si lo vemos desde una perspectiva distinta, durante unos doscientos treinta mil años estuvieron conviviendo cuando menos cinco especies diferentes de humanos, hasta que apareció en la escena el *homo sapiens* y acabó con todas ellas.

La combatividad de nuestra especie tuvo una gran ventaja para la supervivencia: En un mundo donde los homínidos eran presa fácil de las bestias salvajes, la belicosidad humana lo pudo situar en el lugar más privilegiado de la creación.

En cuanto a inteligencia, la Revolución Cognitiva, un suceso que le ocurrió al *sapiens* hace unos setenta mil años en África, hizo superar al *neanderthal:* De pronto, sus capacidades cognitivas, y más específicamente, la capacidad para socializar, la capacidad para negociar, y la capacidad para imaginar, catapultaron al homínido superior para que en veinte mil años se convirtiera en la única especie dominante sobre el globo terráqueo.

Los científicos no saben exactamente cómo sucedió que el *sapiens* desarrolló estas capacidades intrínsecas de todo ser humano, y que nos diferencian claramente de los demás animales y de nuestros parientes lejanos: los grandes simios que sobreviven hasta el día de hoy y que se hallan en peligro de extinción.

Unos creen que se trató en un cambio en la alimentación; otros piensan que fue algún tipo de mutación genética; pero nadie sabe a ciencia cierta cómo el *sapiens* adquirió capacidades cognitivas únicas. El cineasta Stanley Kubrick, en *Odisea 2001*, se aventuró a especular que un monolito extraterrestre inició con la Revolución Cognitiva.

Para el narrador bíblico, el ser humano es un *homo caelum*, un *hombre celeste*. ¿Es posible reconciliar el relato del Antiguo Testamento con las posturas evolucionistas del siglo XXI? La historia de la Creación que aparece en la Biblia, es una compilación de cuando menos tres historias de origen sumerio, que el escriba editó cuando las cristalizó para tener un relato coherente.

De Génesis 1:1 a 2:3, el primer relato creacionista culmina la narración con un firme: *"Fueron, pues, acabados los cielos y la tierra y todo el ejército de ellos."* En esta primera visión, el hombre fue creado *betzalmenu kidmotenu* (בְּצַלְמֵנוּ כִּדְמוּתֵנוּ), a *imagen y semejanza* de su Creador. El énfasis del escritor se centra en posicionar al ser humano en el eslabón más prominente de la evolución, ordenándole que *yardú* (יִרְדּוּ), que *sobaje* a todo el reino animal y lo sujete: Un recuerdo de cómo llegó a la cima.

En esta narración se resalta el hecho de que el hombre, a *semejanza* divina, era *zajár veNekebá* (זָכָר וּנְקֵבָה), *masculino y femenino*, de donde se pueden deducir dos principios fundamentales de teología: La Androginia Divina y la Androginia Humana.

La Androginia Divina, que los teólogos llaman la *coincidentia oppositorum*, es la brecha que separa al hombre de su Hacedor: El Señor es muy distinto al ser humano, porque al mismo tiempo es masculino y femenino dentro de las múltiples manifestaciones de su deidad: EL Shaddai (אֵל שַׁדַּי), por ejemplo, es una manifestación agrícola que provee del sustento necesario para garantizar cosechas fructíferas, como una madre que alimenta con leche materna a su recién nacido; *Rúaj* (רוּחַ), *Espíritu*, término que en hebreo es de género femenino, es comparado en múltiples versículos a una *paloma*, a una *gallina* o a un *águila*, entre otros, donde el hombre puede ampararse al cuidado de sus *alas*, como lo haría un pequeño polluelo que busca el calor y la seguridad en las alas de su cuidadosa madre. En su forma masculina, Adonai YHVH Tzebaót (אֲדֹנָי יְהֹוָה צְבָאוֹת), Señor YHVH de los Ejércitos, tiene toda la fuerza para enfrentar a los enemigos de sus seguidores y derrotarlos.

Las variadas exteriorizaciones de la personalidad divina, llevaron a pensar a teóricos de la psicología, que el Soberano sufría de un trastorno disociativo de personalidad. Los exégetas judíos, desde el siglo XII de nuestra era, intentaron explicar las múltiples personalidades mediante el concepto de *Sefirá*, presentando lo que los cabalistas entendieron como diez Atributos más prominentes, de más de novecientos adjetivos bíblicos que esbozan la personalidad del Señor.

Lo que queda claro, es que dentro de la gran variedad de expresiones de carácter, en muchísimas historias bíblicas, se funden el rigor destructivo más severo, con el trato más tierno hacia el ser humano: Las exhibiciones del Creador pueden cambiar, de un renglón a otro, entre el genocidio masivo de hombres, mujeres y niños, a la inflamación más pura de amor en la que jura por su Nombre bendecir con sobreabundancia al puñado de suertudos sobrevivientes de la masacre divina. Todo ello es muestra del ser andrógino trascendente que conforma la unidad del Uno Santo: El Señor es al mismo tiempo masculino y femenino, hombre y mujer, varón y hembra, tanto en sus epifanías con similitud de formas terrenas, como en las más puras kratofanías donde revela los rasgos de su personalidad.

La Androginia Humana es un concepto que tuvieron en claro los antiguos griegos en el *Tzumposium* (Συμποσιον), el *Banquete* de Platón. Escrito unos cuatrocientos años antes de la era cristiana, el filósofo postulaba que en un principio el hombre y la mujer estaban unidos por la espalda, hasta que fueron separados por los dioses, pero esta postura parece no estar de acuerdo con la *weltaschauung* hebrea, que deriva una jerarquía que se podría considerar sexista.

En la segunda historia creacionista, que se ubica de Génesis 2:4 a Génesis 4:26, Adonai *vayitzar et haAdám áfar min haAdamá vayipáj beApáv Nishmát Jaím* (וַיִּיצֶר אֶת־הָאָדָם עָפָר מִן־הָאֲדָמָה וַיִּפַּח בְּאַפָּיו נִשְׁמַת חַיִּים), *diseñó a Adám, polvo de la tierra, y sopló en su nariz ánima de vida.*

La redacción en hebreo es muy clara: El hombre fue hecho *polvo,* como también en Génesis 3:19 enfatizó: *"Porque polvo eres, y al polvo volverás."* Esto quiere decir que el narrador comprendía que cuando la carne se corrompía, se amalgamaba con la tierra, y si se esperaba el tiempo necesario y existían las condiciones óptimas para el proceso, también ocurriría la desintegración de la masa ósea de los seres vivientes.

La aseveración de que el hombre fue hecho polvo, y de que volvería al polvo, unificó la sustancia humana con la materia que constituía el globo. Es probable que el escritor no llegara a comprender que era también la misma pasta que conformaba a todo el universo, pero su método empírico lo llevó a deducir que no existía diferencia entre la tierra y el polvo, y entre la constitución químico biológica de los seres vivos: Hoy en día sabemos incluso que un gran porcentaje del polvo que se acumula en nuestras casas, son las células muertas de nuestra piel, que se desprenden y vuelven a una forma más simple de la materia.

Para convertir la materia inanimada en un ser viviente, el Creador sopló *nishmát jaím, ánima viviente*. Dentro de la *imago mundi* bíblica, el ser humano está conformado por tres rasgos incorpóreos: El *rúaj* (רוח), el *espíritu*; La *néfesh* (נפש), el *alma*; La *neshamá* (נשמה), el *ánima*.

El *rúaj*, término que significa *espíritu* y *viento*, es el vínculo y la capacidad que tiene todo ser viviente para conectarse con el Señor. El *rúaj* divino, en muchas historias bíblicas, se fusiona con el *rúaj* humano, y lo convierten en un ser con capacidades únicas para obrar prodigios y milagros.

La *néfesh*, el *alma*, de acuerdo a la Biblia, es nuestra personalidad, nuestra consciencia de nosotros mismos, lo que nos distingue de otro ser humano: Nuestra individualidad, adecuada por nuestra educación; nuestros recuerdos y vivencias.

Finalmente, la *neshamá*, el *ánima*, es lo que nos *anima*, lo que nos diferencia de los seres inertes: La fuerza vital, lo que nos permite levantarnos cada día para llevar a cabo nuestras actividades.

En esta segunda historia, parece que la diferenciación de géneros ocurrió en momentos diferentes, y que primero fue *diseñado* el hombre, y más tarde, fue *construida* la mujer. Génesis 2:22 dice: *"Y Adonai construyó en mujer la costilla que tomó de Adám."* El término *tzela* (צלע), estrictamente *costilla*, podría ser el *hueso peneano*, también conocido como *báculo*, que poseen la mayoría de los mamíferos, pero que está ausente en el ser humano, y que permite la penetración aún cuando la erección es nula. Ante la comparativa, y el estudio empírico del *rafe perineal*, que a simple vista luce como una cicatriz que comienza en el prepucio y que corre por todo el escroto hasta alcanzar el ano, es muy probable que los empiristas de la antigüedad lo explicaran mediante un mito antropogónico.

La tercera narración creacionista abarca dos escuetos renglones: Génesis 5:1-2. Se resalta la *demut* (דמות), la *semejanza*, pero se suprime la *tzelem* (צלם), la *imagen* física del hombre con su Hacedor; también se ensalza que el *hombre,* como género humano, fue hecho *zajar uNequebá*, *masculino* y *femenino*. La *semejanza* divina, es, como lo acabamos de mencionar, su *androginia*. Este relato está vinculado con las genealogías de los descendientes de Adán y Eva.

Hace seis o siete mil años, cuando estos relatos se transmitieron de manera oral, intentaron explicar, igual que hoy en día, por qué la raza humana difería cognoscitivamente de las bestias que poblaban el globo, y al igual que el hombre de ciencia sigue evaluando las causas de la Revolución Cognitiva, los relatores bíblicos encontraron la respuesta en el *nafáj* (נפח), en el *soplo* divino, que pudo marcar también la diferenciación de género.

El Hacedor tomó al *sapiens* hace unos setenta mil años, y sopló en su nariz la inteligencia que lo distinguió de las demás especies humanas, porque no necesitó un cerebro de mayor tamaño para superar a su hermano *neanderthal*, sino del ingenio característico del ser humano moderno.

COMENTARIOS

En los últimos dos millones de años, aparecieron diferentes especies de seres humanos; estas diferentes familias se extinguieron cuando se disgregó el *homo sapiens*, antecesor del hombre moderno en una mayoría de porcentaje de su ADN.

Al parecer, un cambio en las capacidades cognoscitivas del *sapiens* lo catapultaron a la cima de las demás especies humanas; esta Revolución Cognitiva es explicada por el redactor bíblico como el *aliento de vida* que sopló el Creador en la nariz de Adán.

La agresividad característica de la especie lo llevó a ocupar el escalafón más alto de la cadena alimenticia.

INMORTALIDAD

הוא בשׂר והיו ימיו מאה ועשׂרים שׁנה
Él es carne y serán sus días ciento veinte años.
(Génesis 6:3)

El hombre pudo desarrollar sus capacidades cognitivas como resultado de procesos de génesis y destrucción que tomaron miles de millones de años, desde el colapso gravitatorio que constituyó a los átomos de hidrógeno en densas nubes que crearon elementos cada vez más pesados, en una sucesión de sistemas planetarios cuyas estrellas estallaron una y otra vez. En otro plano, las seis extinciones masivas permitieron la evolución del *sapiens*.

Creación y destrucción, muerte y vida, han estado presentes desde hace trece mil setecientos setenta millones de años, fecha que ciertos astrónomos consideran como la edad más aproximada del universo, con una desviación de unos cuarenta millones de años. La única constante en el cosmos parece ser la de la conservación de la masa, que dicta que la materia no se crea ni se destruye; solamente se transforma.

El tiempo de existencia de los diferentes sistemas, sean orgánicos, químicos o de plasma, puede variar entre los pocos segundos hasta alcanzar los miles de millones de años. Hablar de distintas organizaciones terrestres, es retomar la división taxonómica que el hombre moderno hizo, similar a la que aparece en la Biblia: El Reino Animal; El Reino Vegetal y el Reino Mineral, en donde debía encajar todo lo que nos acompaña en el planeta.

Recuerdo cuando armé mi primera pecera de agua salada: me fascinaron los pólipos estrella, los espirógrafos y los hongos marinos. Cada vez que los miraba moverse me preguntaba: ¿Es una planta, un animal o un estado intermedio entre ambos? Los biólogos modernos entablan largas discusiones tratando de discernir si estas, y muchas especies más, pertenecen a uno o a otro reino.

En la realidad, la diferencia entre un pedazo de materia y otra, es su capacidad para reproducirse por sí misma, para replicarse, pero sea el tipo de masa que sea, toda se encarrila al mismo destino: Su destrucción.

Existen átomos tan inestables, que su efímera existencia dura menos de un segundo, mientras que el cosmos colosal, igual que los electrones que existen dentro de él, podrían alcanzar los cuarenta y cinco mil millones de años de edad. Por eso hablar de que un sistema tiene una corta o una larga existencia, depende de la comparación con otro sistema: Un fósil de hace ciento cincuenta millones de años, nos parecerá que tuvo una mayor permanencia que un insecto que vive unas cuantas horas, y aún así, no podemos comparar un pedazo de roca fosilizada, con un organismo viviente. Ambos, cada uno con un metabolismo único, también se convertirán en polvo cósmico.

Por más que los seres humanos quieran dejar su huella para la posteridad, en el futuro, sea por una crisis planetaria, o por un cataclismo cósmico, al final todo volverá a la esencia más prístina, a las configuraciones atómicas que darán entrada a la formación de estructuras nuevas. Tarde o temprano, todo volverá al caos primigenio que desencadenó el establecimiento de nuestro universo.

Quizás podamos dejar nuestra memoria escrita en lajas de piedra, como lo hicieron los antiguos sumerios o los grandes egipcios; es posible que alguien patente un método para que los ritos funerarios humanos incluyan un proceso de fosilización donde incluso se conserve la forma del tejido, como han encontrado en algunos dinosaurios; pero al final todo terminará siendo polvo cósmico.

En cuanto a los organismos celulares, en sus estructuras más primarias, todos siguen este mismo principio. Los hombres de ciencia conocen, o más bien, tienen ciertas ideas de cómo suceden estos procesos, aunque no tienen bien claro por qué ocurren.

Si la vida comenzó con liposomas simples que se transformaron en los primeros organismos celulares, o bien, si la vida es el resultado de la simbiogénesis de seres moleculares, el hecho es que estos conjuntos de compuestos químicos resolvieron cómo almacenar la información necesaria para su reproducción, siguiendo la constante de todo el cosmos: Creación y destrucción.

Ahora bien, afirmar que un liposoma o un virus *ideó* la manera para conservar la información necesaria para la reproducción, sería tanto como asentir que las piedras decidieron mantenerse inertes.

Así como la fuerza de la gravedad comprimió el hidrógeno primigenio que creó los sistemas planetarios, del mismo modo debe existir un principio, una fuerza, una ley en la que los compuestos químicos tiendan a agruparse y a conservar la información que les permite su reproducción. Solamente de esta manera se podría justificar que la vida es una constante en el universo: Si las mixturas químicas, en condiciones óptimas, siguen los mismos procesos terrestres de almacenamiento de la información necesaria para sobrevivir.

Una vez que se afianzaron esos procesos creadores de organismos, biológicos o moleculares, el énfasis se centró en la copia y transmisión de la información contenida en el ADN o ARN de cada uno, sin tomar en cuenta la forma o la estructura que se construyera a partir de esos núcleos de ADN.

El envejecimiento, según lo afirman los hombres de ciencia, se debe al desgaste de los *telómeros* de los cromosomas. El cromosoma, compuesto por proteínas que crean las moléculas de ADN, cada vez que se reproduce, no replica de manera íntegra sus *telómeros*: Después de unos dos mil duplicados, dependiendo del tipo de célula, se avejentan hasta que producen la apoptosis o muerte de la unidad.

Si algún día, el hombre de ciencia encontrara la llave de la eterna juventud, sería mediante la exploración de los telómeros y su desgaste natural: Si se evitara ese deterioro, se prevendría también el envejecimiento de las células. El impedimento para la resolución de este problema yace en la incipiente tecnología, incapaz de observar el complejo universo de los cromosomas y las moléculas que los componen: Una brecha que hoy en día es infranqueable.

La conservación de la estructura parece ser más prolongada en el reino vegetal, salvo ciertas excepciones del reino animal. Ciertos eucaliptos australianos y el roble jarupa han alcanzado los trece mil años de edad; La yuca de Mojave llega a vivir doce mil años; El pino huon consigue los diez mil años; El árbol japonés sugi ronda los siete mil años. En general, muchas especies de plantas logran sobrepasar el par de siglos, siempre y cuando no sean depredadas.

El reino animal, por otra parte, está marcado por una esperanza de vida corta, con algunas excepciones como las esponjas vítreas, que llegan a vivir los seis mil años, y otros animales que pueden sobrepasar dos centenas de años, como los erizos, ciertos tipos de tortugas y algunas especies de ballenas.

El escritor de la historia de la *Caída* en Génesis estaba muy al tanto de la diferencia entre la esperanza de vida de una planta en comparación con la de un animal, hecho fácilmente observable mediante el más puro método empírico: Mientras que los grandes árboles pasaban a la memoria colectiva por medio de la enseñanza oral, generaciones humanas enteras habían desaparecido en contraste con los personajes vegetales de los cuentos. La historia de la *Caída* está relatada en Génesis 2:9-17, cuando Adonai plantó dos árboles en medio del Huerto del Edén: Un árbol de la ciencia del bien y del mal, del cual le prohibió a Adán comer de su fruto; y un segundo árbol, que concedía la vida eterna. En Génesis 3, en lo que parece ser una fábula por su estilo literario, una serpiente engañó a Eva, la mujer de Adán: el reptil le aseguró que si comían del árbol de la sabiduría, no morirían, sino que alcanzarían el discernimiento del bien y del mal, tal y como lo tenía el Hacedor. Una vez que Adán y Eva comieron de ese árbol, la preocupación divina de que también comieran del árbol de la vida eterna y vivieran para siempre, obligó al Creador a echar a la pareja primigenia del Huerto del Edén, a ganarse la vida duramente y les prohibió por siempre su regreso al Huerto.

En términos generales, la serpiente cautivó la imaginación del colectivo por su visible cambio de piel. A pesar de que todos mudamos de dermis, las células humanas muertas son tan pequeñas, que nadie pensaría que un gran porcentaje del polvo en nuestras mismas casas, puede estar vinculado a los desechos celulares. En diferentes culturas, en distintos tiempos, se desarrolló un culto a la serpiente, pensando que esta cualidad de dejar la piel vieja era una evidencia que la dotaba de vida eterna: A los caballeros águila y jaguar, soldados del señorío en la antigua ciudad de Tenochtitlán, se los representaba mediante esculturas y pinturas, emergiendo de la boca de una serpiente.

La fábula de Génesis muestra una arista diferente, pero conserva la misma idea: Cuando Adán desobedeció al mandato divino, se condenó a morir, arrastrando a toda la raza humana en su desvarío; sin embargo, la serpiente *robó* su eternidad, recibiendo como castigo arrastrarse, comer polvo, con la potestad de dañar al hombre en el talón: Se trata de una descripción del contexto diario de la vida primitiva, y de muchas poblaciones insertadas en lugares apartados, donde la gente que camina por senderos, es mordida muchas veces por serpientes locales.

La serpiente que cambia de piel crea una falsa idea de inmortalidad, porque la observación empírica de cualquier primitivo lo pudo llevar a concluir de que a final de cuentas el reptil moriría, a pesar de su innata capacidad para la muda; El árbol, en cambio, trasciende al ser humano y parece que realmente ha alcanzado el secreto para preservar la existencia por tanto tiempo. De aquí que el texto bíblico hizo una comparativa entre la longevidad de los árboles y el engaño de la vida de las serpientes.

En otras palabras, el narrador sabía que a pesar de que las serpientes cambiaban visiblemente de piel, no por esta razón eran seres inmortales. En cambio, entendió que los árboles eran mucho más longevos que los animales, por eso el Señor instaba a Adán a comer del fruto del *étz haJaím* (עֵץ הַחַיִּים), del *árbol de la vida:* desentrañar los secretos que le permitían a los árboles transcender a los seres humanos. Cuando la serpiente los engañó, tampoco se apropió de la eternidad, sino que solamente adquirió un poco más de tiempo, mediante la muda de piel, porque la vida eterna, para el escritor bíblico, era un regalo que solamente podía ser otorgado por el Creador, por más que se esforzara cualquier ser por conseguirlo.

La historia, escrita hace más de seis mil años, tiene un principio fundamental que sigue vigente en nuestros días: El Reino Vegetal gozaba de una mayor permanencia sobre la tierra y en el cambio de piel de las serpientes yacía un principio de rejuvenecimiento. Es improbable que el hombre primitivo discerniera que también el *sapiens* mudaba de piel, pero llegó a comprender que el *secreto* de la *vida eterna*, cuando menos en las serpientes, yacía en el perfeccionamiento de los medios para rejuvenecer la dermis. En otras palabras, el narrador bíblico comprendió los mismos principios científicos que rigen el estudio del envejecimiento en el pensamiento moderno: ¿Por qué si cambiamos de piel, no tenemos la capacidad de mantener nuestra juventud?

Los productos de rejuvenecimiento facial siguen un principio similar: Si se proporcionan los químicos necesarios a las células de la piel, se extenderá su vida y se retrasará el envejecimiento. Algunos productos dan mejores resultados que otros, sin embargo, no solamente las células externas de la piel envejecen, sino todos los órganos internos que conforman el cuerpo humano, de modo que los productos estéticos alcanzan un cometido solamente: Retrasar el envejecimiento externo, pero no el de los órganos humanos.

El secreto de la *eterna juventud*, de acuerdo a la Biblia, estaría en estudiar los procesos por medio de los cuales los vegetales alcanzan edades que trascienden con facilidad a las generaciones humanas.

Para el escritor bíblico, el hombre en un principio compartía una esperanza de vida similar a la de los árboles milenarios, hasta que nueve generaciones después, de acuerdo a Génesis 6:3, el pecado hartó el corazón del Creador, sentenciándolo a vivir como máximo ciento veinte años. En casos excepcionales, como describe Génesis 47:28, Jacob alcanzó los ciento cuarenta y siete años, rebasando el límite impuesto por el Hacedor, y algunos personajes históricos, como Moisés, que de acuerdo a Deuteronomio 34:7, murió a los ciento veinte años. Fuera de unas cuantas excepciones más, y en términos generales, el promedio en la expectativa de vida de aquel entonces rondaba los cuarenta años. Este número no varió por miles de años, sino hasta alcanzar el siglo XIX, cuando los antibióticos y las medidas sanitarias elevaron veinte años el cociente mundial. Durante el siglo XX se logró subir la media diez años más, cuando el *sapiens* finalmente se jactó de vivir un promedio de setenta años. Hoy se sabe que el asesino serial de antaño estuvo en el agua.

En el primer cuarto del siglo XXI, el promedio en la esperanza de vida alcanzó los ochenta y cinco años, aunque cada vez más se sabe de casos que viven cien años o más; La eliminación de bacterias y virus, aunado a servicios médicos de mayor calidad, han alargado la vida de los individuos en gran parte del globo, lo que también ha generado una crisis pensionaria y la necesidad de replantear los parámetros en los que el hombre puede disfrutar de su jubilación.

Una vida humana de cuarenta, sesenta, ochenta o cien años, sigue siendo nula en comparación con la de especies vegetales: El retorno al Jardín del Edén, donde se hallaba el árbol de la vida eterna, cautivó la imaginación primitiva, sin poder cimentar el entendimiento de un medio capaz de devolverle al hombre su longevidad primigenia. El Huerto, dentro de la cosmovisión hebrea, se transformó de un lugar físico, que se ubicaría en África, de acuerdo a las descripciones, a convertirse en un lugar espiritual, al que se podía acceder solamente a través de la muerte, que pasó de ser la extinción del ser, al umbral que permitía conservar de alguna manera la existencia y la consciencia: Un lugar al que podían acceder solamente los que habían llevado vidas de rectitud y fe en el Único Soberano.

La teología antes de Jesucristo, cuando menos en términos bíblicos, no es muy clara: Las creencias en el Sheol, a donde los muertos perdían su identidad, y la diferencia entre el seno de Abraham, un lugar de placer al que accedían los justos, no están muy bien delimitadas. El libro de Eclesiastés 3:21, escrito probablemente por Salomón en tiempo de los Reyes de Israel, unos mil años antes de la era cristiana, abría una disputa: *"¿Quién sabe que el espíritu de los hijos de los hombres sube arriba, y que el espíritu del animal desciende abajo a la tierra?"* Su interrogación es un cuestionamiento que acompaña tanto al hombre de ciencia, como a grupos humanos de hace quinientos años. El señor de Texcoco, Nezahualcóyotl, preguntaba en sus poesías: *"¿Hay un lugar donde perdure la existencia?"*

Para la ciencia, privada de comprobar el mundo espiritual que existiría después de la muerte, concluyó fría e irremisiblemente que con la defunción se terminaba la existencia humana, que no había más consciencia más allá de la vida, y que el alma, el espíritu y el ánima eran el resultado de procesos químico eléctricos neuronales, y que terminados los flujos eléctricos entre neuronas, también se extinguía la vida del individuo, regresándolo a su forma pre existente de polvo.

La predicación de Jesucristo, un judío que expuso una *imago mundi* que quedó impresa en el Nuevo Testamento, postuló una teología que se fundamentaba en la esperanza de vida después de la muerte. El *Olám Habah* (עלם הבא), el *Mundo Venidero*, sería el lugar donde se efectuaría la Resurrección de los Muertos; el sitio donde todo ser humano recibiría un cuerpo inmortal, y donde gozando de esa inmortalidad, unos serían arrojados al *gueijinóm* (גיהנום), al *infierno*, nombre que recibía el *basurero* de la ciudad; mientras que los justos heredarían el Reino de los Cielos, un lugar donde las penas del mundo físico serían borradas y el hombre inmortal estaría siempre acompañado por el Señor.

El mundo espiritual es una realidad para los seguidores de las mayores religiones del mundo: Cristianos, judíos, musulmanes, budistas, sintoístas, entre otras. Todos creen que el cuerpo humano es solamente un recipiente que contiene una esencia eterna, llámese alma.

El *Olám Habah* da sentido, razón y esperanza a la efímera existencia humana, porque de otro modo, el hombre no tendría razón para posarse sobre la tierra, sino la mera tarea de reproducción.

COMENTARIOS

El Reino Vegetal goza de una mayor longevidad que los seres que pertenecen al Reino Animal, salvo ciertas excepciones de animales que han extendido su expectativa de vida más allá del centenar de años. El deterioro de los telómeros en la replicación de la célula, el agravante que pone fin a la existencia por medio del envejecimiento, es un proceso natural que mimetiza los ciclos de creación y destrucción presentes en todo el universo.

Las primeras células que se replicaron, según los parámetros científicos, debieron seguir procesos establecidos, aún desconocidos, que marcarían la apoptosis: La muerte y destrucción celular es un sello que está presente desde que la vida apareció sobre la tierra. El narrador bíblico pudo entender que los vegetales podían extender su vida más allá de las generaciones humanas, mientras que vislumbró en el cambio de piel de las serpientes un medio de rejuvenecimiento, pero sin llegar a entender los procesos internos que llevaban a la muerte.

CONSCIENCIA

ויהי כל־הארץ שׂפה אזות ודברים אזדים
Había en toda la tierra un solo lenguaje y una solas palabras.
  (Génesis 11:1)

E l habla, como lenguaje articulado en esa mezcla de sonidos que distinguen al ser humano de cualquier otra especie animal, pudo aparecer hace unos ciento quince mil años, cuando el *sapiens sapiens* poblaba todavía las vastas sabanas africanas. De manera similar, pero en las gélidas cordilleras europeas, el *neanderthalensis* también desarrolló, de manera independiente, su propio lenguaje articulado, pero no se tiene noción alguna de cómo.

Hemos apuntado que los *homo floresiensis* pudieron tener contacto con el hombre moderno después de la mitad del siglo XX, y que de acuerdo a los testimonios recabados de aquellos que los investigaron con un rigor mayormente empírico, alcanzaron a percibir lo que les pareció un lenguaje con sonidos que imitaban algunas palabras de los exploradores. Con tan poca evidencia, se podría especular cualquier cosa.

La capacidad del habla, vinculada a ciertos pulsos eléctricos en una región del cerebro, está ligada a la anatomía humana, donde la laringe, la glotis, la epiglotis y otros órganos, en un lugar específico, nos permiten comunicarnos del modo en que lo hacemos. El desarrollo de estas capacidades morfológicas y cerebrales se lleva a cabo en los primeros dos años de vida, y en los casos aislados donde recién nacidos fueron privados del contacto humano y expuestos a la convivencia con animales, los esfuerzos por enseñarles el lenguaje fue frustrante: Ni su cerebro ni las membranas en la garganta pueden desarrollar las capacidades del habla una vez que pasó la primera infancia. Los primates, aunque convivan desde recién nacidos con los humanos, no pueden desarrollar los cambios morfológicos necesarios.

Si bien es cierto que experimentando con chimpancés, tuvieron la capacidad para comunicarse mediante un lenguaje de señas, el reducido tamaño de su cerebro les impidió conocer más allá de un centenar de palabras, en comparación con el ser humano moderno, que dependiendo de la complejidad del lenguaje y de la educación individual, puede expresarse con más de cuatro mil términos diferentes.

El escritor bíblico en Génesis 11, intentó explicar mediante una historia, cómo fue que ocurrió la diversificación humana del lenguaje. No logró comprender por qué en una aldea a pocos kilómetros se hablaba una lengua con sus variaciones locales, y un poco más allá otro idioma completamente diferente. Pensó que en algún momento de la historia de la humanidad, existió un mismo lenguaje compartido por todos los seres humanos. La verdad no estaba lejos de esa afirmación empírica, pero era mucho más compleja que el relato bíblico. A lo largo de la travesía humana, muchos se preguntaron cuál habría sido el lenguaje primigenio de los hombres, y realizaron experimentos descabellados, con la esperanza de obtener una respuesta real: Se dice de un gobernante que aisló a los recién nacidos para ver qué idioma hablaban.

Los lingüistas afirman que el habla fue un proceso milenario derivado de un lenguaje de señas, que sigue presente, pero de manera indirecta, en la manera en como expresamos nuestros sentimientos. Este lenguaje por medio de gestos y de movimientos corporales no es universal en todas las partes del globo, sino que cada lugar tiene sus propios regionalismos, pero se puede inferir, de manera empírica, el significado de muchas de estas señas. Algunos gestos humanos se han globalizado y significan lo mismo en muchas partes, sobre todo cuando se trata de expresar enojo mediante señas obscenas, pero más que un lenguaje prístino universal, la interconexión entre individuos logró que existieran gestos homogéneos en todo el globo terráqueo.

La teoría dice que los primeros *sapiens* en articular palabras, comenzaron asociando ciertos gestos y señalizaciones con sonidos específicos: gruñidos, silbidos, chasquidos, y a raíz de que un grupo pudiera homologar los mismos sonidos una y otra vez, la ventaja sobre otras poblaciones de *sapiens* fue tan radical que los distintos grupos humanos debieron imitar rápidamente lo que hicieron los demás, siguiendo los mismos códigos o inventando los sonidos locales que solamente los miembros de un grupo conocerían.

Es muy probable que el lenguaje se originara con grupos locales creando sus formas de expresión propias, porque esto proveería un sentido de identidad y además la manera de expresarse en un lenguaje que dejaría fuera a aquellos que pertenecieran a una comunidad diferente. Hoy en día, cuando ciertas personas hablan un idioma que la mayoría desconoce, pueden transmitir secretos entre ellos sin que los demás se percaten de sus intenciones.

Para historiadores y otros hombres de ciencia, la cooperación entre grupos diversos de *sapiens* pudo ser uno de los detonantes que los llevaron a poblar todo el globo terráqueo en unas decenas de miles de años desde que salieran de África: Si su expansión comenzó hace unos setenta mil años, hace unos diez o doce mil años llegaron hasta el lugar más remoto del hemisferio sur en el continente americano. Este hito se debió, entre otras cosas, a la capacidad para utilizar un sistema de comunicación muy complejo, que les permitió expresar un sinnúmero de pensamientos necesarios para su supervivencia, algo que no se habría podido lograr con un reducido lenguaje de señas cuando se encontraban diferentes cuadrillas de *sapiens* en su recorrido por el mundo.

De modo que si existió una lengua primigenia, que surgió a partir de un lenguaje de señas, pudo aparecer en un reducido grupo de *sapiens* que pronto diseminaron entre las demás cuadrillas, conservando de alguna manera una *lingua franca* para expresarse cuando encontraban a distintos agrupamientos humanos, o bien, valiéndose de traductores en situaciones donde la cooperación inter grupal se convirtió en un asunto prioritario.

El hecho es que conforme los distintos exploradores humanos se separaron unos de otros en tiempo y en espacio, cada localidad desarrolló sus propios modismos que generación a generación conformaron una brecha en la que se volvió incomprensible el habla de unos y otros.

Para el redactor bíblico, pareciera que primero se dio la disparidad entre el idioma y luego la dispersión de los hombres, pero la falta de comprensión del habla del vecino pudo reflejar también un desacuerdo entre opiniones diferentes, más que la imposibilidad de comprender un idioma ajeno. Génesis 11:7 dice: *"nibla shám sefatám asher lo yishmeú ish sefát reéhu"* (נבלה שם שפתם אשר לא ישמעו אישׁשׁפת רעהו), *"mezclemos allí sus lenguas para que no escuche el hombre la lengua de su prójimo."*

El idioma hebreo realza dos términos importantes: *balal* (בלל), *mezclar* o *confundir*, y *shamá* (שמע), *escuchar*. *Confundir* la lengua de una persona para que la otra no la *escuche*, no implica necesariamente que hablen un lenguaje diferente, sino una incapacidad para ponerse de acuerdo: No escuchar a una persona, puede suponer que se comprende su lenguaje, pero que no se llega a un acuerdo mutuo. Muchas parejas modernas se quejan lastimosamente de que sus cónyuges no las comprenden a pesar de hablar el mismo idioma. El texto bíblico pudiera suponer este principio, promotor de la diversidad en el idioma: Al no llegar a un entendimiento mutuo, la separación y el distanciamiento trajo como consecuencia también la diversidad en el lenguaje. Varios factores influyeron, a lo largo de la historia humana, en la escisión de una comunidad: Carencia de recursos, luchas de poder, crecimiento poblacional.

El *sapiens* que migró de África, lo hizo en grupos de unas ciento cincuenta personas, número de individuos a los que un líder puede manejar sin problema. Estas agrupaciones fueron nómadas por miles de años. Su establecimiento en un páramo por períodos de tiempo más largos, lió nuevos desafíos.

La conversión en sedentarios agricultores y el levantamiento de poblaciones mayores, implicó la lucha por los recursos naturales de la región: La gran mayoría de las civilizaciones antiguas se colapsaron cuando el capital hidráulico no tuvo la capacidad para sustentar a los miembros de la comunidad: Los grandes imperios dependieron de la calidad de sus talentos hídricos. Una civilización sin agua no podía mantener la cohesión de sus seguidores. La Biblia testifica esta afirmación en múltiples historias. Quizás la más significativa es el relato del Éxodo, cuando el pueblo de Israel salió de Egipto en busca de la tierra prometida: el establecimiento del Tabernáculo durante los cuarenta años de nomadismo, estuvo supeditado a parajes que tuvieron suficientes recursos naturales para mantener a una población que, de acuerdo a los relatos, rebasaba el millón de individuos.

En el caso de la historia de Babel, nombre que se utilizó para nombrar a Babilonia, que asentó su capital en el afluente del río Éufrates, en el fértil valle que hacia el norte era regado por el río Tigris, los problemas, más que ecológicos o demográficos, fueron causados por conflictos intestinos y por el constante asedio de grupos tribales que se quisieron hacer del poder.

La historia que se narra en Génesis podría situarse unos tres o cuatro mil años antes de la era cristiana, y en su intento por descifrar la variedad en el lenguaje humano, atinó en afirmar que la *petzatzá* (פִּצְצָה), la *dispersión* fue un *detonante* para ensanchar el distanciamiento entre las lenguas. Esto forjó, de acuerdo a lingüistas como Edward Sapir, la cosmovisión de cada pueblo, porque el lenguaje moldea la percepción que el ser humano tiene de su entorno, o dicho de otra forma: Las palabras describen de cierta manera todo lo que nos rodea, y los términos enfatizarán en el sistema de creencias y de valores, como un reflejo de la cultura y de la sociedad.

El complejo de creencias en una sociedad es un imaginario que intenta comprender y explicar todo aquello que perciben nuestros sentidos. Se le llama imaginario porque aparece primeramente en la imaginación del ser humano, un rasgo que aparenta ser único de la especie *sapiens*, y marca la gran diferencia entre todas las demás especies animales. Se desconoce si los otros humanos desarrollaron la capacidad de imaginar como lo hizo el hombre desde la Revolución Cognitiva hace unos setenta mil años, pero se trata de un poderoso recurso que nos permitió forjar todo lo que somos, como lo plantea Yuval Harari.

De acuerdo a los neurólogos, los recuerdos y pensamientos son el resultado de intercambios eléctricos entre neuronas. El ser humano tiene unas ochenta y siete mil millones de ellas que almacenan toda la información de nuestras memorias en sus nucleótidos; a nivel molecular dentro de las cadenas de ADN. Las neuronas en nuestro cerebro encargadas de guardar la información de nuestros recuerdos y de todo que lo que imaginamos, se encuentran principalmente en tres áreas cerebrales: el hipocampo, la corteza cerebral y la amígdala.

A pesar de conocer el cómo y el dónde se guarda toda la información, se desconoce en concreto cómo exactamente se clasifica, se acomoda y se empaqueta un pensamiento. Los impulsos eléctricos que generan las ideas en el cerebro, son descritos como los intercambios de electricidad cuando una tormenta atraviesa un campo, pero a nivel cerebral, donde cada célula neuronal está interconectada con otras, creando complejas redes por donde se filtran los impulsos eléctricos que hacen posible el pensamiento. A pesar de todos estos datos, ningún hombre de ciencia ha podido precisar, por ejemplo, en qué neurona o grupo de neuronas se almacenó un recuerdo, ni tampoco pueden acceder a ellos mediante algún tipo de tecnología.

Las técnicas psicoanalíticas, que cobraron gran auge a principios del siglo XX con Sigmund Freud, demostraron que existen ideas preconscientes: Se trata de recuerdos que están almacenados a los que la consciencia no puede acceder; del mismo modo, también existen recuerdos inconscientes, que son el tipo de pensamientos almacenados, pero que interactúan, sin que el sujeto se percate de ello de una manera lúcida; finalmente, la consciencia, de acuerdo a esta perspectiva, radicaría en la capacidad que tiene una persona, mediante la voluntad, de acceder a todos aquellos recuerdos y memorias que están latentes en alguna red neuronal, y que no han sido almacenadas para olvidarse, preconsciente o inconscientemente.

Lo importante en estos descubrimientos psicoanalíticos, para el tema que estamos tratando, radica en que una gran cantidad de recuerdos se quedan almacenados por muchos años: Un paciente bajo el escrutinio de ciertas disciplinas psicológicas podrá acceder a ellos. Las neuronas, de alguna manera, conservaron intactas estas imágenes de la niñez: Los recuerdos estuvieron almacenados, a nivel molecular y dentro del ADN, en los núcleos de las neuronas: Nadie sabe exactamente cómo se guardan estas memorias.

Las emociones humanas son un tema también desconcertante para la ciencia: El odio, el amor, la avaricia y toda una serie de sentimientos que conforman la personalidad de cada individuo, han sido estudiados y vinculados a áreas cerebrales específicas, como la agresividad característica del *sapiens*, que tiene relación con los impulsos más primitivos de un cerebro reptiliano, como si la evolución de la masa encefálica hubiera sido un proceso donde se le fueron añadiendo más y más secciones al cerebro, todas a partir de un órgano que puede rastrearse millones de años atrás en la historia de los seres vivientes, y que fue moldeándose, entre otros factores, por las necesidades adaptativas de un medio de lucha y de supervivencia. Al parecer, cada emoción está vinculada a la secreción de sustancias químicas que producen en nosotros placer, enojo, angustia y toda una serie de sentimientos, creadas en el laboratorio de alquimia de cada cerebro humano.

A pesar de contar con todos estos conocimientos, el hombre del siglo XXI sigue relacionando las emociones con el corazón, el órgano que por excelencia se utiliza como la metáfora del lugar donde se crean y luchan los sentimientos más intrincados que puede tener un ser humano.

La Biblia compila en una multitud de versículos estas mismas ideas populares donde localizan a los sentimientos con el corazón. Proverbios 19:21, por ejemplo, afirma que *"hay muchos pensamientos en el corazón del hombre,"* y Proverbios 15:13, dice que: *"el corazón alegre hermosea el rostro; mas por el dolor del corazón, se abate el espíritu."* Las citas donde el corazón es el responsable del odio, del amor, de la perversidad y de la iniquidad, y de toda una serie de sentimientos y emociones, están presentes a lo largo de todo el texto sagrado.

Otros órganos, como el hígado o los riñones estaban vinculados con la capacidad para profetizar o para realizar brujerías. Lamentaciones 2:11 dice que el *kabed* (כבד), que el *hígado* del redactor cayó por tierra; Ezequiel 21:21 detalla que el monarca de Babilonia consultó el *kabed* (כבד), el *hígado*, para saber qué camino tomar en una encrucijada.

Mencionamos con anterioridad que dentro de la *imago mundi* bíblica, el ser humano estaba conformado por el *rúaj* (רוח), el *espíritu*, que dotaba al hombre para confabularse con la deidad; La *néfesh* (נפש), el *alma*, que sería la consciencia humana; La *neshamá* (נשמה), el *ánima*, la fuerza vital de cada ser humano.

Tendríamos que añadir la sangre, como Génesis 4:10 afirma que *"la voz de la sangre grita desde la tierra,"* dotando al plasma humano de personalidad, como si se tratara de un ser vivo *per se*. Levítico 17:11, explicará que *"la vida de toda carne está en su sangre."* El líquido, desde esta perspectiva, es el portador de vida y de consciencia, el lugar donde se aloja la *néfesh*.

Mateo 5:14 y otros muchos versículos del Nuevo Testamento, explican que el creyente es *luz*. De entenderse textual, estaría hablando de la luz de la *néfesh*, del alma luminosa, que si está vinculada a la materia, debe estar constituida por fotones, con la dualidad que presenta la materia a la escala cuántica, donde tiene la singularidad de expresarse al mismo tiempo como onda y como partícula, como un corpúsculo de luz con masa y peso atómicos.

De acuerdo a Hebreos 9:1-2, una *néfesh* que llegara a la morada celestial, atravesaría los dos velos del *Mishkán* (משכן), del *Tabernáculo*. Estos velos fueron rasgados: el que separaba el Lugar Santo en dos, de acuerdo a Mateo 27:51 y a Marcos 15:38; y el que separaba el Lugar Santísimo *por la mitad,* como lo detalla Lucas 23:45. La luz del alma que atravesara hacia la tierra, reflejaría las barras que vio Christiaan Huygens cuando descubrió en 1690 la dualidad del fotón.

COMENTARIOS

Las neuronas y los impulsos neuronales caracterizan al Reino Animal, así como los pensamientos y la traducción que las bestias hacen del medio que los rodea. Con todo, el ser humano es el único con la capacidad de fantasear. Durante la Revolución Cognitiva el sapiens aprendió a comunicarse mediante un lenguaje muy complejo, pero también aprendió a utilizar sus pensamientos para imaginar. Tuvo la capacidad para entender que las emociones se ligaban a alguna entraña, tal y como la ciencia lo ha demostrado.

UNIVERSO PROFUNDO

הַלְלוּהוּ כָּל־כּוֹכְבֵי אוֹר
Alábenle todas las estrellas de luz.
(Salmo 148:3)

Nuestro Sol es un bólido que viaja en la galaxia a setecientos mil kilómetros por hora: Imaginarlo recorriendo el espacio con esa celeridad, modifica nuestra concepción de las órbitas elípticas de los planetas que giran a su alrededor, porque tendríamos que visualizar todo el sistema planetario añadiendo el movimiento espacial de nuestra estrella.

Como resultado de ese desplazamiento, a unas cincuenta mil unidades astronómicas, se forma la heliopausa, el límite entre el sistema solar y el espacio interestelar: Un ovoide formado por la resistencia que opone el espacio exterior a la radiación del Sol. Más allá de la heliopausa, a un año luz de nuestra estrella, la esfera conocida como la nube de Oort: Más de un billón de objetos helados que son arrastrados por la inercia gravitacional de nuestro astro.

La presteza de todo este complejo viaja en alguno de los brazos de la Vía Láctea, en un cosmos tan vasto que la probabilidad de colisión es casi nula: El sol más cercano se encuentra en Próxima Centauri, a unos cuatro años luz de distancia, albergando otro sistema planetario igual de diverso que el nuestro.

La Vía Láctea, nuestra galaxia de tipo espiral barrada, con un tamaño de unos doscientos mil años luz de diámetro, alberga unos cuatrocientos mil millones de soles. Gira como un disco homogéneo desde su centro hasta su borde exterior, completando un año galáctico en unos noventa mil millones de días terrestres. Se dirige hacia el Súper Cúmulo de Shapley, ubicado a unos seiscientos cincuenta millones de años luz, a una velocidad de unos dos y medio millones de kilómetros por hora.

Cuando se dice que Próxima Centauri se encuentra a cuatro años luz de distancia, se quiere expresar que se halla a cuatro mil trescientos veinte millones de kilómetros. Para darnos una idea: la nave espacial más veloz construida hasta ahora por el ser humano, el Voyager 1, viaja a una velocidad de sesenta y un mil kilómetros por hora: Le tomaría poco más de ocho mil años llegar al sistema planetario más cercano. Las distancias que nos separan de otros mundos son infranqueables con la tecnología del siglo XXI.

La velocidad de la luz viaja a mil ochenta millones de kilómetros por segundo. Solamente la luz puede alcanzar esta velocidad y ninguna partícula conocida hasta ahora, puede viajar a una velocidad superior.

El Súper Cúmulo de Shapley alberga unas ocho mil galaxias. Los cúmulos o súper cúmulos más cercanos se encuentran a más de mil millones de años luz, conformando un aproximado de unos cien mil millones de galaxias en el universo que habitamos.

El universo mismo se expande a una diligencia de doscientos cincuenta y dos mil kilómetros por hora, acelerando su velocidad cada vez que se ensancha tres y medio millones de años luz más allá de sus límites, como lo demuestra la ley de Hubble.

El tamaño del cosmos es tan vasto, las velocidades tan precipitadas, los números de soles y mundos tan amplios, que es muy difícil hacerse una idea del todo que habitamos. El rey David, en el Salmo 8:3-4, reflexionó: *"Cuando veo tus cielos, obra de tus dedos, la Luna y las estrellas que formaste, digo: ¿Qué es el hombre para que tengas de él memoria?"* David pudo comprender que el universo era tan grande que escapaba a sus sentidos; cuando comparó su tamaño con todo lo que vio en los cielos y debajo de ellos, fue embargado por un sentimiento de pequeñez: La misma sensación que experimentamos una y otra vez cuando recapacitamos en el tamaño real de nuestros cuerpos o de nuestros egos, incapaces de abarcar muchas veces, más allá de la miope visión de un homínido superior que se pensó ser el centro de la Creación divina. Si el rey David hubiera tenido a su alcance los descubrimientos científicos que nos permiten darnos una vaga idea del tamaño real del cosmos, seguro que se habría deprimido por lo pequeño que es el ser humano.

La vida, en esa grandeza, puede ser una constante; pero la vida inteligente, el desarrollo de primates pensantes y conscientes de su entorno, representa una oportunidad única en catorce mil millones de años.

Si hubo una explosión primigenia, un Big Bang, un golpe que separó las aguas de las aguas, y la onda expansiva envió a toda la materia en un caos hacia los bordes exteriores, la aceleración del cosmos, que ahora se sabe que es constante, puede deberse al hecho de que en el espacio vacío los objetos no se enfrentan con ningún tipo de resistencia, sino que, como en una caída libre, se va sumando a su precipitación el empuje primordial que les dio inicio. El desorden del éter primitivo está reglamentado con las cuatro leyes que lo rigen: la ley de la gravedad, la ley nuclear fuerte, la ley nuclear débil y la ley electromagnética. Desde hace catorce mil millones de años han ido moldeando estructuras cada vez más complejas. Estas fuerzas evitan la dispersión de las partículas como ocurriría en una nube de polvo sacudida por el viento, sino que la tendencia, cuando menos por los siguientes treinta mil millones de años, será a una organización cada vez más enmarañada, similar a una red neuronal de un tamaño inconcebible. Lo más probable es que la expansión continúe hasta que las partículas más simples que estructuran los átomos, se desintegren en fracciones más pequeñas, en neutrinos, acabando con los armazones masivos de este universo.

Al parecer, la materia que conocemos, las partículas que constituyen los átomos, los átomos que dependiendo de su número de electrones conforman los elementos que construyen las estructuras inorgánicas y orgánicas, ocupan solamente el quince por ciento de todo lo que hay. El otro ochenta y cinco por ciento lo ocupa la materia oscura, una suerte de filamentos gaseosos que no despiden ninguna clase de radiación electromagnética, que no reflejan la luz, pero que interactúan con la fuerza de gravedad y con la fuerza de interacción débil. Esta materia, que recibe el nombre de neutralino, es un tipo de WIMP, las siglas en inglés de *weakly interacting massive particles,* o bien, partículas masivas débilmente interactuantes. El neutralino parece ser una mezcla entre fotones, bosones de Higgs y bosones Z con una masa muy pequeña. Su gran cantidad pandea el tejido del universo por su peso. Se extienden uniendo los cúmulos galácticos en todo el cosmos formando una estructura de red que abarca todo lo largo y lo ancho de la gran burbuja en expansión. Como no reflejan la luz ni radian, es prácticamente imposible observarlos con las herramientas tecnológicas del siglo XXI. Se infiere su existencia por su interacción gravitatoria.

Cuando cierto tipo de partículas se desintegran, cuando se convierten en partículas más pequeñas, hay un escape casi indetectable de masa y energía que se agrupa en neutrinos. Los neutrinos son tan pequeños que atraviesan sin ninguna contrariedad cualquier estructura atómica. En este mundo subatómico es muy probable que se encuentren migas cada vez más pequeñas, hasta alcanzar constantes cuánticas.

En el microcosmos cuántico, parece como si las fluctuaciones produjeran burbujas: ondas o partículas; o bien, ondas que se convertirán en partículas cada vez más grandes, hasta formar los neutralinos, que de manera opuesta a los neutrinos, actúan contrariamente a la desintegración y serían fuerzas de integración, catalizadores para que la materia atómica adquiera estructuras más grandes mediante la interacción de gluones y bosones. La materia oscura, los neutralinos, serían los responsables de los bloques atómicos que construyeron el gran edificio del universo.

Aunado a la materia oscura, el espacio vacío perdura gracias a la existencia de la energía oscura, un tipo de poder ondulatorio bajo que existe en su estado más fundamental, encargado de impulsar la expansión y regular el movimiento de las galaxias.

La energía oscura sería la predecesora de la materia oscura, y la materia oscura la causa de las estructuras atómicas mayores, en el sentido inverso de la ley que dictamina que la materia que es acelerada a la velocidad de la luz aumenta su masa hasta convertirse en energía pura.

Si pudiéramos mirar con un microscopio un centímetro a la menos treinta y tres, en cualquier espacio tendríamos acceso a lo que se conoce como la constante de Planck: un pedazo del mundo subatómico. En ese espacio los científicos creen que veríamos lo que describen como un mar agitado que está produciendo pequeñas burbujas. La agitación de ese mar sería producida por la energía oscura, y las pequeñas burbujas terminarían por convertirse en neutralinos; en materia oscura.

Si el cosmos provino del mundo cuántico, el acontecimiento sucedió una sola vez, de modo que no existe un proceso activo donde se añadan neutralinos por fluctuaciones actuales de la materia oscura.

El universo es un todo auto contenido en donde su masa se mantiene uniforme, sin pérdida ni creación súbitas, sino en un constante proceso de transformación: Del neutrón al neutrino; del neutrino al mundo cuántico; del mundo cuántico a la energía oscura; de la energía oscura al neutralino; del neutralino al neutrino. Todo ello dentro de un proceso donde todavía no se conocen todos los estados intermedios de la materia. Las fibras más etéreas de la creación sostienen una construcción masiva de miles de millones de kilómetros de distancia, con miles de millones de kilos de materia y de estructuras enormes. Cuando los griegos comprendieron la grandeza del universo, Plotino vio en la deidad una trascendencia a la que los musulmanes llamaron Alá: Si el cosmos era de una grandeza infinita, porque no hay otra forma de describir los límites finitos del espacio sideral, el Creador debía ser superior a su Creación.

Para el judaísmo sefardí medieval, el Hacedor es Fuego Negro, Luz Negra, la expresión más pura y oculta del espectro de luz visible. La materia y energía oscuras serían entonces esa luz negra; una parte radial de su manifestación cósmica.

El alma humana, hecha de fotones de luz, puede brillar desde el rojo espiritual más bajo hasta el morado más energético, reservando la luz negra para la deidad: una divinidad que está cerca de su hechura, que interactúa con ella, que se integra en su estructura sin hacerse visible, pero que puede ser detectada al pandear la gravedad.

Isaías 42:5 dice que YHVH es el *Boré* (בּוֹרֵא), el *Creador* de los cielos, el que los inclina, el que *raká* (רָקַע), el que *golpea* la tierra. El verbo hebreo *bará* (בָּרָא), *crear*, corresponde a una creación *ex-nihilo*, a una hechura que aparece de la nada, a un universo que se materializa del vacío, tal y como lo supone la teoría de la energía y materia oscuras, que postula a los neutralinos como los predecesores de partículas de mayor dimensión. El verbo *raká* (רָקַע), *golpear*, se empleó en Génesis 1:6, cuando el Soberano golpeó las aguas para producir la expansión del cosmos: la acción que hallamos similar a las teorías modernas acerca del Big Bang. Para el profeta Isaías, la tierra, al igual que los cielos, siguieron un curso expansivo, como cuando se golpea un metal con un martillo y se ensancha.

Las partículas que aparecieron del mundo cuántico, la materia oscura, los neutralinos, amasaron partículas de mayor tamaño por medio del impulso, del *golpe* de la energía oscura. Es muy aventurado especular que Isaías lograra abstraer una lógica similar en dos renglones de una profecía poética. Lo que sí queda claro es que EL Elión (אֵל עֶלְיוֹן), el Señor Altísimo, es el Hacedor de esa grandeza cósmica, es la misma Luz Negra.

La trascendencia del Uno Santo, en términos del pensamiento bíblico, no comparte las ideas de griegos ni de musulmanes, sino que asienta su propia cosmogonía.

El texto bíblico realza que YHVH no es una deidad regional. 1 Reyes 20:28 dice: *"Por cuanto los sirios han dicho: Adonai es Señor de los montes, y no Señor de los valles, yo entregaré toda esa gran multitud en tu mano."* Muchos númenes de los pueblos primitivos habitaban lugares específicos: un árbol, un paraje; otros poblaban regiones: ríos o lagunas, páramos, valles o montañas; también había divinidades que tenían potestad sobre circunscripciones más amplias: los cielos, la tierra. En la historia de 1 de Reyes 20, el Soberano se enfadó con los sirios por pensar que se trataba de una deidad que tenía autoridad sobre los montes.

En el Antiguo Testamento, cuando el Creador se presentaba frente a los seres humanos, lo hacía mediante epifanías antropomorfas: En Génesis 18, YHVH fue descrito como un *"varón"* con el que platicó Abraham; En Jueces 6, el *ángel de YHVH,* que es YHVH mismo, platicó con Gedeón como con su igual; En Jueces 13, Manoa y su esposa no sabían que hablaban con el *ángel de YHVH* hasta que este desapareció con el humo del incienso. Hay muchas historias similares más.

En Génesis 1:26, el Creador diseñó a Adán a su *tsélem* (צלם), a su *imagen física*, y a su *demút* (דמות), a su *parecer emocional*. El redactor bíblico concibió al Soberano desde una perspectiva completamente antropomorfa: El Señor era similar al hombre, a quien creó también a su mismo parecer.

En la visión de Ezequiel 1, cuando el profeta percibió la gloria del Altísimo en su máximo esplendor, lo logró discernir sentado en su *merkabá* (מרכבה), en su *carroza de guerra*. En la deidad había la *"semejanza que parecía de un hombre sentado."* En el Nuevo Testamento, la persona de Jesucristo, la divinidad hebrea encarnada en un ser humano representó la mayor expresión de este pensamiento.

En algunas ocasiones, la descripción de Adonai parece ser la de un gigante de grandes dimensiones, como el Salmo 104:3 lo describe: *"poniendo las nubes por su carroza, andando sobre las alas del viento."* Los talmudistas de tiempos de Jesucristo describieron a los ángeles con medidas tan descomunales, que abarcaban la distancia entre varios planetas. Los escritos rabínicos, de cualquier manera, son demasiado recientes como para catalogarlos dentro de la cosmovisión del Antiguo Testamento y parecen más influenciados por el pensamiento griego.

Génesis 14:19, y otras citas, mencionan que EL Elión *kaná* (קָנָה), *compró* los cielos y la tierra, y el verbo abre la posibilidad para pensar que la divinidad hebrea no tiene razón alguna para ser más grande que su creación; en contra de toda trascendencia griega, el Señor sería el Hacedor de una obra que es mayor en tamaño, como el constructor de una gran torre. Su complexión humanoide, desde esta percepción, no menoscabaría los atributos de omnisciencia, donde todo lo sabe, de omnipresencia, que está en todas partes al mismo tiempo, y de omnipotencia, que todo lo puede. El Soberano, seguro de sí mismo, no necesitaría presentarse de una envergadura mayor que la del cosmos que creó, tal y como griegos, musulmanes y la valoración judaica maimonidiana propusieron.

Así como el universo nació y se sustenta de cuerdas cuánticas ínfimas, onda y partícula al mismo tiempo, de acuerdo a la ciencia moderna, del mismo modo el hombre bíblico concibió que la creación rebasaba en mucho el tamaño de su Creador. Ignorantes del mundo cuántico y del mundo atómico con sus espacios vacíos infranqueables, los redactores de la Biblia no tuvieron problema alguno para conciliar el reducido tamaño del Eterno respecto de su Creación.

La antropología estructuralista francesa, de la cual quizás su máximo representante fue Claude Lévi Strauss, proponía, entre otras cosas, que la mente humana concebiría siempre los mismos pensamientos. En términos químico biológicos, podríamos decir que los impulsos eléctricos cerebrales son los mismos en todos los seres humanos. El estructuralismo justificaba de esta manera por qué los hombres, separados en tiempo y espacio, crearon las mismas configuraciones: En muchas partes del globo los sitios de culto religioso son similares: Las zigurat de Babilonia, las pirámides de Egipto, los teocallis de Mesoamérica; región tras región, hallaremos que los seres humanos imaginaron, la mayoría de las veces, las mismas formas una y otra vez.

Quizás este tropiezo en la capacidad limitada de nuestros cerebros, impidió que los sirios concibieran a una deidad que habitara más allá de los páramos regionales; y algunos pensadores bíblicos, que reconocieron una forma humanoide en el Señor, no pudieron concebir su singularidad como la expresión dual de la Luz Negra, con la capacidad de unir y potenciar el universo desde sus filamentos cuánticos, al mismo tiempo que se revelaba en una forma humana: en la persona de Jesucristo para el cristianismo.

COMENTARIOS

El astrofísico Neil deGrasse Tyson postuló tres principios fundamentales del pensamiento científico: Cuestionarlo todo; fundamentarse en la evidencia y rechazar a los que fracasaron.

En defensa de los redactores bíblicos podemos argumentar que siguieron la evidencia empírica de la observación y que lograron cuestionar los principios de su propia cosmovisión. Cuando entendemos el pensamiento estructuralista detrás de cada pensador bíblico, nos damos cuenta de que no fallaron en su lógica, y por lo tanto, triunfaron al sentar las bases de una ciencia religiosa. De haber tenido más información, habrían conformado una teoría más sólida del todo, donde el Creador tendría la dualidad de su trascendencia cósmica, al mismo tiempo que se manifestaba mediante una semejanza humana.

Agujeros Negros

רָם וְנִשָּׂא שֹׁכֵן עַד וְקָדוֹשׁ שְׁמוֹ
El Elevado y Eminente, asentado perpetuamente, y su nombre es santo.
(Isaías 57:15)

Apuntar que la edad del cosmos es de unos catorce mil millones de años, implica entender una distancia desde donde observamos hasta los confines más recónditos de la expansión. La distancia está entrelazada de manera intrínseca con el tiempo, y el tiempo está vinculado a la velocidad. Ninguno de los elementos puede separarse el uno del otro. Moverse a través del espacio a cierta velocidad, implica una travesía a través del tiempo.

Astrónomos de Oxford propusieron que el universo que observamos en realidad no existe. Por descabellado que parezca, hay una verdad profunda detrás de la afirmación: La luz de millones de estrellas que vemos ahora, está tan alejada en espacio y tiempo, que en realidad miramos el pasado: Muchos de esos astros dejaron de brillar hace tantos eones, que cuando percibimos su luz, se trata del recuerdo de algo que ya no está. Cuando miramos hacia los cielos, siempre estamos viendo hacia el pasado, y no existe forma alguna de alcanzar su presente, porque no se puede viajar más rápido que la velocidad de la luz, aunque la gravedad pandea el espacio y también el tiempo, atravesando la barrera del tiempo: Todo depende de la masa y del peso de los objetos en el universo. Es posible que el tiempo sea diferente, relativo al tamaño y a la masa de los objetos. Es probable también que la consciencia del tiempo sea relativa, y por lo tanto, que la vida se adapte a esta percepción del tiempo.

Para un fotón que comenzó su viaje a la velocidad de la luz cuando sucedió el gran golpe, el Big Bang, no transcurrieron catorce mil millones de años, sino que en su viaje interestelar ha durado una millonésima de segundo.

Josué 10:1-15 narró la batalla entre Israel y Gabaón en contra de los reyes que los querían avasallar. Como Josué necesitaba más luz solar para consumar la victoria, le pidió al Señor que detuviera el ocaso. Las Escrituras narran que: *"el sol se paró en medio del cielo, y no se apresuró a ponerse casi un día entero."* Si creemos que la descripción es veraz, detener al astro rey implicaría suspender la traslación de la tierra, lo que habría causado una catástrofe planetaria sin nombre. Podríamos sugerir también que se modificó la inclinación del ángulo terrestre, o bien, que disminuyó la velocidad de rotación: Esas modificaciones explicarían pequeños cambios, suficientes para justificar la historia de 2 de Reyes 20:11, donde se escribió que el profeta Isaías *"hizo retroceder diez grados la sombra del reloj,"* una implicación de quince o veinte minutos, comprensible si se modifica el ángulo de inclinación de la tierra, o su velocidad de rotación, lo cual ocurre todo el tiempo, aunque las alteraciones sean de unos pocos grados y segundos. La única explicación que podemos dar para la primera narración, es con base en la experiencia temporal que experimentaron los hebreos y el ejército gabaonita aliado: El tiempo sufrió una deformación: Se pudo ralentizar por el impacto de una onda gravitatoria.

Las ondas gravitatorias masivas, resultado del choque de dos agujeros negros, pueden alterar la percepción del tiempo y del espacio: No fue que a Josué le pareció que el día se alargó, sino que el tiempo pudo ralentizarse por el choque de una onda gravitatoria, que sería comparable al principio que mencionamos, donde a la luz que nació en el estallido del Big Bang, le ha transcurrido solamente una millonésima de segundo: Si el fotón tuviera consciencia de su alrededor, todos los acontecimientos desde entonces, le parecerían que ocurrieron en un parpadeo. Algo similar sucedió en la historia bíblica de Josué: El tiempo que tuvo para combatir a su enemigo se alargó; No que todo ocurriera en cámara lenta o en cámara rápida, sino que en una distorsión temporal, producida por una onda gravitacional, Josué tuvo más tiempo para realizar sus actividades bélicas.

Los relatos bíblicos a veces deben entenderse como relatos fantásticos de acuerdo a la postura de Tzvetan Todorov; en otras ocasiones podemos formular algunas teorías acerca de lo que sucedió. Un astrofísico ducho en matemáticas nos podría decir de qué tamaño debió ser la onda gravitatoria para duplicar las 6 ó 7 horas de sol, dependiendo del día del año en que se libró el combate.

En cuanto a los fenómenos que pueden alterar el espacio y el tiempo: los agujeros negros, son la consecuencia de la implosión de una supernova cuando menos treinta veces más grande que nuestro sol. En los momentos de inestabilidad que producirían el estallido, la masa de la estrella se comprime antes de explotar. Esta materia se hace tan pesada cuando se compacta, que la gravedad genera tal atracción que las partículas atómicas son reducidas a ondas. La gravedad se hace tan intensa, que ninguna onda mayor a diez a la menos once megaelectronvoltios puede escapar de su campo gravitacional. En otras palabras: Toda la masa es transformada en energía, cuyas oscilaciones permiten el escape únicamente de rayos gamma.

El interior del agujero negro, conocido como *singularidad*, escapa a toda observación, porque atrapa los fotones de luz además de deformar el tiempo. Sin tiempo ni destellos lumínicos, se trata de un sitio que resguarda sus secretos en una sola dirección: El disco que se ensancha cuando engulle toda la materia que se topa con su campo gravitatorio, muy similar a la descripción de Proverbios 27:20 cuando enfatizó que: *"el Seol y el Abadón nunca se sacian,"* del mismo modo que nunca se terminará de llenar un agujero negro.

Algunos teóricos propusieron que el peso de un agujero negro súper masivo era tan descomunal, que tenía la capacidad de rasgar el universo y vaciar su materia en un cosmos paralelo. Los defensores de esta aserción creen que más allá de nuestro cosmos existen otros muchos donde las leyes de la física pueden o no reproducir los mismos patrones y sujetarse o no a los principios que gobiernan el espacio sideral. En un multiverso las posibilidades de especulación se convierten en ficciones que los hombres de ciencia defienden con ciertos fundamentos teóricos: la posibilidad de que nuestras mismas personas existan en otros lugares, pero con destinos diferentes, ha cautivado los argumentos del celuloide. Estas ideas son similares a la creencia religiosa de la reencarnación, que afirma que el alma de cada hombre regresa a la tierra encarnado en una entidad diferente, rodeado de otras almas que compartieron su vida pasada. El agujero negro descosería la urdimbre del cosmos y se comunicaría con estos universos. Los teóricos de cuerdas concuerdan en que a dimensiones cuánticas, las desgarraduras ocasionales se cierran inmediatamente. Sin datos que comprueben lo que hay más allá de esas rajadas subatómicas, es improbable que una onda cuántica escape del tejido cósmico.

Otros pensadores creen que la masa, una vez convertida en energía pura, se apelmaza y se hace tan pesada, que sume cada vez más el lienzo del universo de forma irreversible. El agujero negro formaría una estructura cónica, donde la punta del cono, que se sume hacia el fondo del cosmos, estaría compuesta por la materia engullida que se compactó en un diámetro no mayor que el de la cabeza de un alfiler. Así, un agujero negro súper masivo de un diámetro millones de veces mayor que nuestro sol, formaría un cono de miles de millones de kilómetros de distancia, rematado en la afilada punta de una aguja. De ser cierta esta aseveración, el calibre de la singularidad tendería a colapsarse por su propia gravedad, disminuyendo su diámetro al mismo tiempo que se curva cada vez más su inclinación hacia el vórtice puntiagudo. La prueba de esta afirmación debería mostrar que en el punto de no retorno de un agujero negro, la aceleración de la materia precipitada hacia la singularidad sería proporcional al grosor del mismo. En la observación, los agujeros ensanchan su diámetro y nada se sabe de que los más masivos tengan una mayor aceleración de materia desde el punto sin retorno. El tejido del universo no es un lienzo plano: La idea geométrica del cono es errónea.

Unos más creen que los agujeros negros se colapsan, una vez alcanzada la cantidad de energía inestable que pueden contener, y si la radiación de Hawking es insuficiente para desahogar las fuerzas termonucleares de su interior, estallan en el fenómeno que se conoce como agujero blanco. Hasta ahora, parece ser la suposición más congruente: Cuando la materia es atrapada por la fuerza gravitatoria de un agujero negro, comienza a orbitar alrededor suyo, tal y como orbitan los planetas en torno a sus estrellas. A diferencia de un sistema planetario, la gravedad del agujero negro incrementa la velocidad del objeto y lo atrae hacia su centro hasta desintegrar toda la materia y convertirla en energía formada por ondas que oscilan en longitudes atómicas. Algunas ondas, como los rayos gamma, logran escapar de la singularidad, y son arrojados de manera perpendicular al eje de traslación del disco de partículas. Las ondas más pesadas son llevadas hacia el centro del agujero negro. Un agujero negro puede ensanchar su disco de atracción, hasta ahora, de manera indefinida. Para estallar, venciendo a la gravedad cada vez más aplastante, y transformarse en un agujero blanco, las partículas que componen su interior necesitarían atravesar procesos termonucleares que subyuguen a la gravedad.

La forma más correcta de visualizar un agujero negro, es imaginarlo como una esfera: En el centro de la esfera se hacina toda su energía, cuyo volumen se incrementa conforme engancha más materia a su alrededor. Un agujero negro es una estrella que traicionó a los planetas que la orbitaban: rompió el equilibrio entre la gravedad y el movimiento. Su interior es una esfera luminosa, que en su ambición mantiene toda la luz y la energía atrapada, dejando una oscuridad que encubre su pillería, pero imposible de ocultarse ante la fuerza que le sirve para capturar más masa y más materia: la gravedad.

Los electrones atrapados en el centro de una estrella convencional, tardan millones de años en alcanzar la superficie para finalmente ser expulsados en ondas caloríficas y en llamaradas solares: Es casi como un juego de azar donde el electrón tiene que atravesar una red entretejida de otras partículas atómicas que le impiden llegar a la superficie, y no obstante, la radiación solar es más o menos constante. Un principio similar se gesta en el interior de un agujero negro: la energía contenida tiene que luchar con todas las demás ondas atómicas que le impiden alcanzar la superficie al mismo tiempo que es encadenada por la fuerza misma de gravedad.

La fuerza de atracción de un agujero negro es tan masiva, que además de atrapar la energía y la luz, pandea la urdimbre del universo y del tiempo: Retrasa la dimensión temporal hasta elapsarla casi por completo, algo similar al fotón que viaja a la velocidad de la luz y que percibe el transcurso del tiempo en cámara rápida. Como el tiempo está vinculado a la velocidad, el aceleramiento se detiene casi por completo conforme se avanza hacia el centro de la esfera gravitatoria.

Habitamos en un universo en el que experimentamos cuatro dimensiones: tres dimensiones espaciales; la altura, la anchura y la profundidad; y una dimensión temporal que medimos por el movimiento de todo lo que nos rodea, y que crea un envejecimiento o degeneración de toda la materia. Los teóricos de cuerdas, como Leon Lederman y Dick Teresi acreditan la existencia de cuando menos diez dimensiones más que no se desplegaron en nuestro plano de realidad: Estas dimensiones están enrolladas en el universo cuántico. No se desenrollaron por el azar de las leyes cósmicas que rigen nuestro plano de realidad. El tiempo, como una dimensión, y no como una partícula, se puede angostar, alargar o volverse a tablear, de acuerdo a los planteamiento de la física de partículas.

La eternidad existe en los corpúsculos que viajan a la velocidad de la luz: los fotones; y también está presente en el centro de los agujeros negros. La eternidad seguirá existiendo hasta que los fotones se desintegren en oscilaciones de longitudes más cortas, y hasta que las fuerzas gravitacionales dentro del agujero negro sean incapaces de mantener la quietud de la materia en su interior: Con el tiempo enrollado en su interior, la materia apelmazada en energía sin movimiento, los hoyos negros son una buena forma de entender que en la naturaleza se puede preservar la materia y la energía por más tiempo, antes de permitirle degradarse.

La explosión de un agujero negro en un agujero blanco no es un acontecimiento que ocurra a menudo: De diez mil agujeros negros en nuestra galaxia, podría hallarse un solo agujero blanco: algunos astrónomos pensaron en la posibilidad de que los cuásares, que son los fenómenos más energéticos de la galaxia por los chorros de rayos gamma que arrojaban, podían ser en realidad agujeros blancos, resultado del colapso de un agujero negro. La inestabilidad de la esfera gravitatoria no es causada por su tamaño, porque se han llegado a encontrar agujeros negros con cuatro millones de veces la masa del sol.

Los agujeros negros fueron popularizados por el astrofísico cosmólogo Stephen Hawking, aunque los conceptos de desaceleración, de perpetuidad temporal, del pandeo del tejido del cosmos y de la singularidad que impide estudiar el fenómeno más allá del horizonte de sucesos, estaban presentes desde hacía mucho tiempo en la Biblia.

El Salmo 18:11 dice que el Señor *"puso tinieblas en su secreto para que lo rodearan."* El salmista, presumiblemente el rey David, entendió que la morada, que el lugar de la habitación del Soberano estaba cercada de oscuridad. 1 Timoteo 6:16, aunque trata de una lógica posterior desarrollada cientos de años después, afirma que su habitáculo es en *"luz inaccesible,"* lo que en otras palabras quiere decir es que, a pesar de que el Creador es luz, para poder acceder a esa luminiscencia, primero se tiene que atravesar un halo de oscuridad, tal y como lo sería el horizonte de sucesos de un agujero negro. Cuando el redactor visualizó las características del trono celestial, de acuerdo a las interpretaciones de la comunidad sefardí del siglo XVI, lo hizo siguiendo una lógica sencilla: La luz resplandece con más potencia en la oscuridad, y por esa razón al Eterno le plació rodearse de las más impenetrables y espesas tinieblas.

Isaías 34:4 escribió que al final de los tiempos, *"los cielos se enrollarían como un pergamino,"* como proponen las posturas más modernas de la Teoría de Cuerdas, donde las cuatro dimensiones que experimentamos se desenrollaron en el evento conocido como el Big Bang, y se quedaron enrolladas más de diez dimensiones a nivel cuántico. Isaías, en una revelación poética que seguía la *imago mundi* tradicional de su época, pensaba que la cúpula celeste era como un telón de fondo, que simplemente se podía doblar para mostrar otros cielos. La idea de un tejido, de una tela, de una urdimbre que conforma el universo, no la descubrió Albert Einstein utilizando la geometría del siglo XX, sino que estuvo presente desde los tiempos del rey David, mil años antes de la era cristiana. Los astrofísicos modernos plantean que el universo puede pandearse por los efectos de la gravedad; es muy improbable que David o Isaías llegaran a contemplar un pensamiento tan esquemático y complejo, pero la concepción misma de que el cosmos era maleable, estuvo presente desde tiempos inmemoriales: Si en la antigüedad se le llamó el *telón* de fondo, o el *pergamino* de los cielos, hoy en día se utilizan las metáforas de trama o paño para poder entender el principio científico.

Isaías 57:15, y otros muchos textos afirman que el Alto y Sublime *"habita en la eternidad."* *Ad* (עַד), *eternidad*, de manera textual es la preposición *hasta*. Implica continuidad sin final, algo que no concluye: *Habita hasta, es hasta.* De modo similar, se parece a las concepciones que tenemos acerca del universo, que sigue en plena expansión sin que alcancemos a comprender *hasta* cuándo se detendrá, o *hasta* dónde llegará.

Apocalipsis 10:6, mil años después, pero retomando las ideas del Antiguo Testamento, afirmó que en el día del Juicio Final *"el tiempo no sería más,"* una manera llana de explicar la perpetuidad temporal de los corpúsculos que viajan a la velocidad de la luz y de la singularidad que desacelera el tiempo al contener en su interior las cuatro dimensiones en las que vivimos. Cuando se alcance el trono del Señor, cuando se consume el misterio del Bendito, el tiempo dejará de ser; la creación experimentará la desaceleración y todo se detendrá. De alguna manera, los visionarios bíblicos advirtieron que el ser humano conservaría su consciencia, su individualidad y su movilidad: No pudieron concebir un cosmos sin movimiento, donde la única forma de alcanzar la eternidad era convirtiéndose en energía pura.

COMENTARIOS

No podríamos afirmar que el Eterno habita en la singularidad de un agujero negro, pero sí podemos utilizar las características de este fenómeno cósmico para comprender algunos de los conceptos teológicos complejos que plantean la vida eterna. No es que los pensadores bíblicos concibieran los principios de la astrofísica moderna, sino que lograron entender el universo con principios metafóricos muy similares a los que utilizan los científicos modernos.

COLAPSO SIDERAL

יוֹם יְהֹוָה יָבוֹא וְהַיְסוֹדֹת יִבְעֲרוּ וְיִתְפָּרְקוּ
El Día del Señor vendrá, y los cimientos se quemarán y se derrumbarán.
(2 Pedro 3:10)

El concepto de eternidad se basa en una perpetuación infinita de la inmortalidad, o al menos esa es la visión clásica repetida a lo largo de la diégesis bíblica en diferentes tiempos y por distintos expositores. El universo y todas las galaxias, todos los sistemas planetarios que las forman, y toda la materia orgánica e inorgánica que constituye a los planetas, cada uno respecto de su composición, un día dejarán de existir y volverán al polvo cósmico más esencial.

La eternidad, como el infinito, sirven para darnos una idea de períodos tan largos, que superan en mucho la vida del *sapiens* y de cualquier otro ser orgánico, molecular o celular, que habite nuestro planeta o que pudiera habitar cualquier otro rincón del vasto cosmos. El filósofo francés Edgar Morin creyó avistar en la psique humana, tal obsesión hacia la muerte, que todas las actividades sociales, culturales, económicas, religiosas, políticas y emocionales, en mayor o en menor medida, estaban influenciadas por la única certidumbre de la existencia: el deceso.

Aún las fuerzas gravitatorias dentro de un agujero negro, que comprimen la masa en energía, capturando el tiempo, terminarán por liberar toda la materia que apresaron en potentes chorros de rayos gamma que abarquen años luz de distancia. Quizás el mismo gravitón, la partícula que interactúa con la fuerza de gravedad, y que tiene la capacidad de atravesar el tiempo, se desintegrará en una porción más pequeña.

Bajo la premisa de que la materia no se crea ni se destruye, teoría que elaboraron Lomonósov y Lavoisier, la desintegración de las partículas en corpúsculos más pequeños podría ser lo único verdaderamente eterno en los ciclos cósmicos.

Regresar al polvo implicaría entonces una transformación de la materia en dimensiones cuánticas. El fin del universo y de todo lo que existe dentro suyo en su total degradación.

Se calcula que el tiempo que tarda un electrón en desintegrarse es de cuarenta y cinco mil millones de años. Si el universo tiene una edad de catorce mil millones de años, le restan otros treinta mil millones para que los electrones que conforman los átomos se degeneren en neutrinos y toda la materia simplemente se disuelva como una cucharada de azúcar en un vaso con agua. De acuerdo al principio de incertidumbre de Heisenberg, donde el futuro de un electrón es una probabilidad con base en el presente, es muy probable que los parámetros que cimientan el universo continúen más o menos estables en los siguientes miles de millones de años. De ser así, el cosmos continuará expandiéndose, acelerando su velocidad de ensanchamiento y concentrando toda la materia en regiones más y más específicas.

Como el universo se expande de manera uniforme hacia todas las direcciones, es similar a una burbuja que se infla cada vez más. Hablar de sus confines, ¿es imaginar una pared física, formada por partículas? ¿Se trata de un tejido formado por fotones?

Existe un problema de fondo, vinculado a la ley que proyectó Einstein, y que dictamina que nada puede viajar más rápido que la luz: Las fronteras del universo están determinadas por la expansión que comenzó hace catorce mil millones de años, y que reflejaron la luz de la materia más alejada desde aquel entonces. Ir más allá de los linderos del cosmos, es imposible, porque los bordes los va marcando el mismo proceso de incremento: No podemos ir más allá de las imágenes que se transportan a la velocidad de la luz. ¿Qué hay más allá de nuestro universo? ¿Hay otros cosmos como lo plantea la teoría de los multiversos? ¿Se extiende la trama del éter hasta el infinito sin llegar a un límite establecido? Muchos astrofísicos creen que existen otros universos que se desarrollan con leyes similares o no a las que rigen el propio, pero dadas las limitantes de la tecnología, se trata de hipótesis que no pueden comprobarse.

Si la eternidad debe reducirse a niveles cuánticos, y quién sabe si esos corpúsculos se pueden degenerar en ondas o cuerdas todavía más pequeñas, pensar que la extensión de un firmamento con multiversos es infinita, sería negar los principios que dan forma al cosmos en el que habitamos, porque cada burbuja tendría principios, o iguales o disímiles.

Digamos que otros cosmos se originaron de su propio Big Bang, creando sus glóbulos inherentes en expansión: En un sitio de multiversos, esas burbujas se encontrarían tarde o temprano con nuestra propia pompa que se extiende, convergiendo por todas sus aristas. Si en los otros cosmos existieran leyes astrofísicas diferentes, se produciría una paradoja al entrar en contacto con los principios que rigen en nuestro universo; Si las distintas explosiones llevaran a las mismas condiciones que se cumplen en este universo, tendríamos intersecciones en los bordes de todas las direcciones, donde las galaxias de nuestro globo se alejarían, pero las galaxias de los otros universos marcarían rutas en direcciones variadas; Si de alguna manera los tejidos de los cosmos reprodujeran las simetrías de los átomos, este globo y los demás globos, no estarían expandiéndose, sino que cada esfera mantendría un diámetro constante, a menos que la frontera que compone la esfera fuera estática, y la materia dentro de ella tuviera un límite para expandirse. ¿Chocarían las galaxias contra las paredes de la esfera y rebotarían, o simplemente atravesarían sus fronteras, que serían más bien indelebles? Todo dependería de la constitución de la cúpula celeste.

Hablar de los límites de nuestro espacio, y de la expansión uniforme de la esfera, podría ser el imaginar algo similar a la atmósfera de nuestro planeta: Una sucesión de capas conformadas por diferentes gases, que se van haciendo cada vez más delgadas: Una nave espacial que choca y perfora la capa de ozono, por ejemplo, una vez que llega al espacio exterior, se encuentra en un lugar donde no existen los fluidos gaseosos que componen, en diferentes estratos, las distintas secuencias atmosféricas. Quizás los confines de la gran esfera son una pared infranqueable de tiempo y espacio, donde pensar en atravesarla sería encontrarse con la velocidad de la luz impidiendo el paso hacia el exterior, o marcando los límites donde la materia se puede desarrollar bajo el régimen impuesto de las leyes de la creación cósmica. Más allá del horizonte sideral, estaría la singularidad a la que no podemos acceder: El vacío o la continuidad del entramado cuántico. De acuerdo a los cosmólogos, el éter está conformado por grandes extensiones de vacío, de otro modo la materia, la materia oscura, la energía, y la energía oscura, no podrían moverse con liberalidad. El mundo microscópico parece mostrar que en el océano cuántico el vacío son espacios en la materia.

A nivel atómico, las distancias entre los núcleos de los átomos y los electrones que los orbitan, es colosal: Si el átomo fuera del tamaño de un ovoide de fútbol americano, la orbita del electrón más cercano sería el estadio de juego; Su campo electromagnético, la esfera que le impide acercarse a otro átomo, en esta comparación, se extendería por un diámetro de una veintena de kilómetros. Cuando palpamos algo con nuestras manos, nos parece que se trata de una superficie sólida, pero en realidad es espacio vacío. Estamos parados, de manera textual, sobre la nada.

Lo mismo sucede con el universo: Si pudiéramos cuantificar la materia oscura y la materia visible, sería solamente una fracción de la inmensidad en expansión: Las distancias son tan grandes, que incluso nuestro Sol, viajando como bólido a través de la Vía Láctea, tiene posibilidades muy remotas de encontrarse con otro sistema planetario o con otro cuerpo viajando en diferente dirección.

Si el universo tiene un límite, una esfera que lo envuelve en una especie de campo magnético, tal y como la nube de Oort circunda el sistema solar: sería la onda expansiva del estallido original, conformada por ondas gamma y neutrinos que marcan linderos en la vacuidad.

Los físicos utilizan tres términos para describir estas ondas: Longitud de onda, que es el ancho de una onda, lo que determina qué tan grande o pequeña es: los rayos gamma, por ejemplo, tienen una longitud muy pequeña; Amplitud de onda, que es la distancia del valle a la cresta, y determina la oscilación; Frecuencia de onda, que son el número de ondas que ocupan un intervalo de tiempo definido.

De acuerdo al físico Max Planck, el paquete mínimo de energía que puede existir se encuentra en la frecuencia de una unidad de onda. Así, los confines del gran océano oscuro, como describió al universo el astrofísico Neil deGrasse Tyson, estarían compuestos por unidades de onda con longitudes tan apretadas que pudieran incluso ser más pequeñas que las ondas gamma. De acuerdo a la Teoría de Cuerdas, estas ondas serían tan minúsculas que se convertirían en diminutos filamentos unidimensionales, que por medio de sus vibraciones producirían esas oscilaciones pequeñísimas que escapan hacia el vacío en expansión.

Si descartamos las teorías de los multiversos, como lo hemos hecho, más allá de las fronteras del cosmos nos encontraríamos con más oquedad.

Si el vacío se extiende de manera infinita, donde a nivel cuántico existe todo un mar encrespado de cuerdas subatómicas, entonces sería posible saltar de nuestro universo a otro punto más allá de ese firmamento por medio de un Agujero de Gusano, una singularidad con la gravedad suficiente para pandear dos extremos del universo y saltar de un lugar a otro sin la necesidad de viajar a la velocidad de la luz.

El Agujero de Gusano es una posibilidad teórica que permitiría la transportación *ipso facto* de un lugar a otro en el universo, ¿pero es posible salir de nuestro cosmos? ¿Atravesar esa capa, delineada o difusa, de tiempo, espacio y materia ondulatoria? Sería tanto como rasgar el tejido del cosmos para salirse de él. Algunos físicos de Cuerdas sugieren que a niveles cuánticos se puede descoser el espacio, aunque estos acontecimientos son tan rápidos y tan microscópicos que impiden incluso el flujo energético interuniversos: De otro modo tendríamos fisuras por donde la materia y la energía de nuestro espacio escapara más allá de su burbuja, y esto no necesariamente sucedería en las capas más exteriores del gran océano negro, sino que se podría acceder desde cualquier punto, sin importar ni el lugar ni el espacio donde sucediera.

El autor de Job 38:19-20, reflexionó: "*¿Por dónde va el camino a la habitación de la luz, y dónde está el lugar de las tinieblas, para que las lleves a sus límites, y entiendas las sendas de su casa?*" El pensamiento precientífico del escritor no podía entender cómo era que la luz que emanaba el astro rey, se ocultara en la noche y volviera a salir durante el día. Para el narrador, lo más probable es que la luz se *guardara* en un lugar, en la *Habitación de la Luz*, y que de acuerdo a ciclos establecidos, volviera a salir. Si hubiera agregado que la fuerza de la gravedad se encargaba de guiar a la luz a su habitación, habría descrito de manera primitiva un agujero negro. Su pensamiento, en cambio, de acuerdo a la descripción, infirió que de alguna manera, la luz disipaba las tinieblas hasta *los límites* de la bóveda celeste; la luz *delimitaba* las fronteras del espacio. Los límites de nuestro cosmos, ahora, como hace cinco mil años, en que pudo aparecer la trama de Job como una obra teatral, estaban demarcados por la luz: Los cuantos de luz en su camino hacia la expansión van clarificando los límites de lo que los grandes telescopios pueden ver. La gran mayoría de los corpúsculos lumínicos prosiguen su camino hacia los confines; solamente algunos quedan atrapados en *habitaciones* de agujeros negros que los liberarán como radiación gamma.

La urdimbre del espacio que se extiende no es como una sábana bidimensional, sino todo un complejo de cuatro dimensiones: Si bien hemos escogido la esfera para tener una idea más aproximada de la forma estructural de nuestro universo, una descripción más acorde con la realidad sería la de dos ondas expansivas que se alejan una de otra: El gran estallido no causó un empuje en una sola dirección, sino que infló dos burbujas que se propagan opuestas una de la otra. La materia y la energía se organiza en esos dos espacios de manera aleatoria, disminuyendo su entropía conforme se ensancha, por la música de fondo que organiza a las vibraciones más prístinas de la creación, hasta que un día, dentro de unos treinta mil millones de años, todas las partículas fundamentales se desintegren en neutrinos, una forma más simple de la materia.

Uno de los principios más básicos de la física moderna, formulada por Albert Einstein, dicta que la energía es igual a la masa por la velocidad de la luz al cuadrado, lo que implica que la energía se puede volver a convertir en masa, que los neutrinos o las cuerdas vibratorias más cuánticas pueden regresar a formar un universo lleno de estructuras masivas después de la gran desintegración de la materia.

El problema con este planteamiento, es que en un espacio tan extendido, las longitudes de onda tan estrechas, escapan incluso a las fuerzas adhesivas del gravitón, tal y como sucede en la singularidad de los agujeros negros: No importa cuánta fuerza ejerza la gravedad para pandear el tiempo y el espacio, siempre existirán ondas energéticas que escapen para conformar agujeros blancos, porque de otro modo, el universo mismo tendería a convertirse en un único y masivo agujero negro donde el tiempo y el espacio se detendrían, y toda la masa y la energía se concentraría en un punto. Los agujeros negros más super masivos con millones de veces la masa solar, son como un pequeño punto en las galaxias, ubicados, por efectos gravitatorios en el centro de cada una. El tiempo que les tomaría engullir una galaxia entera, es rebasado por el período que les llevaría desintegrarse: Un fenómeno que nos parece de dimensiones descomunales, en el gran océano celeste, no es más que un accidente estelar que se ve minimizado en la gran inmensidad del cosmos. De las explosiones estelares se forman las grandes nebulosas que vuelven a crear estrellas, hasta ahora, de cuarta generación, pero de los agujeros negros emergen ondas tan pequeñas que escapan a la gravedad.

La teoría del Big Crunch, término que describe otro posible escenario futuro, plantea que cuando termine de expandirse el cosmos, comenzará un proceso de encogimiento hasta regresar de nuevo al punto de partida. Los hombres de ciencia que apoyan esta postura, están convencidos de que la expansión no puede perpetuarse, y que el empuje explosivo del Big Bang, llegará a un punto insostenible en el que el universo comience a achicarse en un proceso de miles de millones de años, hasta que vuelva a convertirse en la pequeña masa que le dio origen en un principio. Hay quien especula que cuando suceda este hecho, el tiempo comenzará a retroceder, y que quizás volvamos a vivir nuestra vida, pero en sentido opuesto: Una hipótesis que podría sonar descabellada, pero que en la dimensión del tiempo, es plausible, porque lo mismo le hubiera dado al universo ir hacia el futuro, que ir hacia el pasado: No hay nada que le impida al tiempo retroceder. El Big Crunch parte de la idea de que si el universo es como un globo que se está inflando, lo cual en parte es cierto porque la masa ubicada en extremos opuestos del universo, se aleja una de otra con mayor rapidez que aquella que se encuentra en el centro, entonces un día, simplemente, el globo comenzará a desinflarse.

Lo más probable es que no exista un Big Crunch, sino que *"el polvo vuelva a la tierra, como era, y el espíritu vuelva al Señor que lo dio,"* tal y como lo planteó de manera poética Salomón en Eclesiastés 12:7, previendo lo que expresó Génesis 3:19, que *"somos polvo, y al polvo volveremos:"* una forma de entender que todo lo creado viene del mismo polvo de estrella que se cocinó dentro del golpe inicial que dio comienzo a la expansión de un cosmos de miles de millones de años. En la metáfora del globo en expansión, donde el Big Crunch estaría representado por ese mismo globo que se desinfla, es más probable que la burbuja simplemente se reviente, como ocurre cuando se inyecta demasiado aire. El cosmos no estallará como lo hace el globo que alcanzó su máxima elasticidad, porque el tejido sideral ha comprobado ser tan maleable que soporta el peso descomunal de los agujeros negros sin rasgarse, pero es plausible que continúe su expansión *ad infinitum*, hasta que toda la materia se convierta en ondas y partículas cada vez más pequeñas, conformando mundos y galaxias cuánticas que tendrán que ser observadas con microscopio. Lucas en Hechos 17:26, escribió que el Señor *prefijó los límites de la habitación del linaje de los hombres,"* cercando nuestra existencia a un solo cosmos.

COMENTARIOS

Nuestro cosmos y todo lo que han visto nuestros potentes telescopios desaparecerá un día, dentro de unos treinta mil millones de años, cuando toda la materia se desintegre y se transforme en ondas / partículas de tamaño cuántico. La reducción de toda la materia y energía a un polvo cósmico más fino, probablemente siga rigiéndose bajo los mismos parámetros de expansión que ha experimentado hasta el día de hoy, integrándose a las cuerdas subatómicas que conforman la vacuidad más allá de las fronteras de nuestro cosmos, límites que seguirán siendo delineados por la luz.

Epílogo

El filósofo judío Baruj Spinoza dijo que Adonai se entendía mejor cuando se comprendían las leyes del universo, edictos que fueron esculpidos en el nombre de YHVH. Por medio de esos cuatro gramemas, el Eterno cimentó la fuerza de la gravedad, la fuerza electromagnética, la fuerza nuclear débil y la fuerza de interacción nuclear residual, cuatro normas que formulan orden y cohesión a toda la Creación, cuyas formas más básicas están supeditadas por oscilaciones cuánticas que proporcionan peso y forma a la materia, ordenada mediante la voz del Omnipotente: El Señor hizo el cosmos con la palabra que sigue reverberando.

La historia de nuestro cosmos, como muchos otros relatos, comenzó cuando la entropía terminó con la estabilidad eterna del plasma primigenio. Antes de ese momento inicial, existían las leyes que permitirían el ulterior ordenamiento de toda la información que produjo el caos.

A veces imaginamos que el Creador estaba en algún lugar del cosmos ordenándolo todo conforme la materia iba apareciendo con el poder inventivo de su palabra. La realidad teológica es más compleja: Los estatutos del ordenamiento ya habían sido dictaminados, y el cometido del Espíritu del Gran Diseñador se centró en domesticar el azar en un proceso de miles de millones de años.

El reglamento para adecentar los corpúsculos bullentes, permitió la alineación de los tres quarks que conforman el átomo y el electrón de la forma más primitiva de la materia: Cuatro cuerdas cimentadas con las cuatro consonantes del nombre más sagrado del Eterno: YHVH.

Antes del estallido inicial, antes incluso de que apareciera el nombre del Señor, existieron las leyes del universo; existió la *sabiduría*, el pensamiento creador de un Soberano que determinó con antelación cómo ordenar todo lo que aparecería.

En los primeros momentos del Big Bang aparecieron una veintena de constantes cosmológicas que definieron la estructura del universo: Una pequeña modificación en alguno de esos preceptos, habrían significado cielos y tierras diferentes, quizás hasta inexistentes. La suma de cada componente, como la adición del valor del nombre primigenio de YHVH, que figura en veintiséis, tienen implicaciones religiosas profundas: El universo se apuntala con su Nombre, se sostiene con su Nombre, en la trascendencia de la eternidad, del antes y del después, en la reducción de sus cuatro gramemas, pero también en la suma total de ellos. Es probable que la primera palabra que salió de la boca del Eterno, fue la de su Nombre, proclamando toda su bondad en la unificación de la nube de hidrógeno, de la Shejiná de su morada celestial, donde la esencia del encendido nuclear apareció en el momento más prístino en la conservación del momento angular: El giro interminable de todos los cuerpos que, suspendidos en el espacio, comenzaron a rotar en la danza del peso y la gravedad. El golpe inicial produjo el caos, pero su Nombre creó los fundamentos mediante los cuales se sostiene la materia, la vida, todo lo que existe y alcanzan a percibir nuestros sentidos.

El caos primigenio fue sustituido por un universo de vaho, de vapor, de niebla luminosa y dispersa que ciclo tras ciclo, como resultado del calor abrasador, generó elementos más y más pesados, hasta que un día, las explosiones estelares no tuvieron la capacidad de atraer toda la materia dispersa hacia sí, sino que insignificantes motas de polvo que quedaron a la deriva, en procesos similares a los de las luminarias, atrapadas por la gravedad, pero repeliendo la caída libre por la velocidad de su movimiento, comenzaron a girar en órbitas elípticas alrededor de sus soles.

El azar domesticado por el Espíritu del Señor permitió que en nuestro sistema planetario, una quincena de cuerpos giraran alrededor de su estrella: un colectivo de miles de rocas congeladas conformaron una burbuja a un año luz de distancia.

En sistemas distantes, la media es de varias estrellas que giran alrededor de un astro principal, alumbrando a los demás mundos que orbitan en una danza cuyo ritmo marcan las fuerzas gravitatorias. Quizás algún día Júpiter, destinado a convertirse en una pequeña estrella, encienda sus motores nucleares y comience a quemar el combustible que le da forma, o quizás permanezca como un gigante gaseoso toda su vida.

La Tierra fue como una viruta que escapó del gran incendio sideral cuando el Sol echó a andar sus motores nucleares: Su composición, con un centro de hierro que produce un poderoso campo magnético, nos guarda de la mortal radiación solar, encargada de esterilizar toda superficie que abraza; La distancia de su estrella que la ubica en la franja donde la vida molecular y celular es una posibilidad real, lugar que es maleable dependiendo del calor emanado por el Sol y de la modificación de las órbitas planetarias; La inclinación de la órbita terrestre, producida por el impacto de su satélite: Theía, nuestra Luna, que resultó de la anexión como planetoide vagabundo que en un baileteo de cientos de miles de años, quedó atrapada por la gravedad de nuestra Tierra: nuestro satélite es en realidad un planeta que se resignó a concordar un sistema binario. Una añadidura que trajo el beneficio más grande de todos a nuestro mundo: La estabilidad necesaria para que la vida pudiera desarrollar formas complejas.

Los factores que se combinaron para que la materia inorgánica se metamorfoseara en organismos vivos, en primer lugar se debió a todas esas pequeñas variables cósmicas que sustentaron un planeta que pudiera desarrollar vida.

La vida apareció en el agua: Quizás dentro de las profundidades oceánicas donde la actividad volcánica, en un punto de ebullición, cocinó a las moléculas primigenias de la existencia; Quizás fueron los lodos primordiales bombardeados por corrientes eléctricas y por partículas solares que animaron la materia inerte. Cuatro proteínas formaron el ADN, y la variante de una proteína formó el ARN, los ladrillos que consolidan a todos los seres vivientes sobre el planeta tierra. La unión de estas proteínas, diferente de la unidad de cualquier otra base proteica, fue la capacidad de auto reproducirse. El misterio de la reproducción no ha sido aún develado por la ciencia.

El Tetragramatón, el nombre de YHVH, podría suponer una correlación entre las cuatro columnas de la vida y la visión, casualística o profética, donde la animación de la materia inorgánica se debió al poder que radica en el Nombre del Bendito para insuflar vida, para soplar el ánima, el alma y el espíritu en cada ser que puebla nuestro mundo, desde los virus y las bacterias, que llevan el sello de su nombre, hasta el máximo representante de la consciencia: El ser humano, cuya genialidad radica en investigar el mundo donde fue puesto para señorear.

Cuando los fieles creyentes en Jesucristo, invitan de manera simbólica a su Señor a asentarse en sus vidas, la postura común es que el Espíritu de Cristo hace morada en el corazón humano. Sin embargo, los estudios de ADN y de ARN y la similitud con el Nombre divino de YHVH, revelarían que en realidad el Salvador se vuelve uno con el fiel, asentándose a nivel molecular dentro suyo.

Si bien, a la vida le tomó una sexta parte de tiempo encontrar las combinaciones moleculares para asegurar su propagación, al universo le costó cinco sextas partes preparar las condiciones necesarias para que apareciera la vida: Los seres moleculares primero, y los seres celulares después, aparecieron hasta que existieron las condiciones necesarias para su desarrollo: Cuatro o cinco generaciones de estrellas que en la alquimia cósmica formaron elementos cada vez más pesados, los constituyentes primigenios de la vida: La aparición de proteínas, pero también las condiciones ideales, aunque extremas, para combinar las proteínas, de alguna manera les permitieron multiplicarse, la llave de toda la creación. Para los exégetas bíblicos, el poder de la materia inerte para cobrar vida, se debió a la orden del Soberano cuando mandó que todo lo vivo se reprodujera.

La vida en el planeta Tierra resultó contar con una tenacidad que vale la pena reconocer: Ha resistido a cuando menos seis embestidas que estuvieron a punto de exterminarla. En algunos casos, la destrucción de especies se elevó peligrosamente, afectando a más del 90% de todo lo vivo debajo del sol. Los cambios climáticos, por glaciaciones, volcanismo o por asteroides que generaron cambios bruscos en el bioma planetario, se cobraron con especies complejas que permitieron que otros nichos ocuparan esos espacios vacíos.

Los mamíferos, y también los homínidos superiores, evolucionaron gracias a esas hecatombes. Tal y como lo narra el texto bíblico, los supervivientes no volvieron a hilar su consistencia de la nada, sino que retomaron los caminos que los seres antiguos ya habían allanado para ellos. La Biblia no alardea con conocer esas extinciones planetarias, pero de alguna manera entiende que el proceso de creación fue único e irrepetible, y que los herederos del orbe deshabitado, en realidad fueron los continuadores de las familias que existieron con antigüedad. Cómo llegaron a esta conclusión los antiguos babilonios, o por qué tenían esas creencias que se entienden a la luz de la Ciencia Moderna, es un arcano que se mantiene prohibido hasta nuestros días.

A las extinciones masivas sobrevivieron un número incipiente de reptiles y sus predecesores: las aves modernas, también una cantidad considerable de peces y de insectos que conservan su misma estructura desde hace millones de años. A pesar de que dominaron el orbe por un tiempo que se mide en millones de años, nunca desarrollaron capacidades cognitivas como las que se acrecentaron en el ser humano, cuya inventiva lo ha llevado fuera del planeta Tierra.

El mundo de los grandes saurios aparece descrito en el texto bíblico en lo que supone una paleontología arcaica que mezcla el mito y la leyenda. Podemos suponer que los tres seres fantásticos que poblaron el imaginario hebreo, fueron ideados con el hallazgo de restos fósiles que permitieron fantasear con los máximos representantes de la división taxonómica de las especies; Bien pudieron ser el recuento de avistamientos de grandes *monstruos marinos*, como se consideró por mucho tiempo a las ballenas; Quizás fueron creaciones que aparecieron en la ávida imaginación de los historiadores primitivos; Tal vez fue una mezcla de todo ello.

La mención de los saurios presupuso que antes de que el hombre dominara, otras especies lo hicieron soberanamente.

En la historia de la vida, los mamíferos se posicionaron como los dominantes dentro de los ecosistemas cuando ocurrió la extinción de los saurios. En el árbol de los nuevos dueños del planeta, los grandes primates derivaron en diferentes especies de *sapiens*, todos descendientes de una Eva Mitocondrial. En el relato bíblico, Caín se levantó en contra de su hermano Abel y tomó su vida en un arrebato de violencia desmedida, de la misma forma que el *homo sapiens*, de quien descendemos los humanos modernos, acabó con las diferentes especies humanas que se irguieron sobre el planeta. La superioridad que mostró el ancestro del hombre moderno se debió a la Revolución Cognitiva, un suceso que acaeció hace unos setenta mil años, y que dotó al *sapiens* de un ingenio que lo distinguió de los demás homínidos superiores. El hombre tuvo la capacidad de imaginar, de trabajar como sociedad, de articular un lenguaje complejo que lo sumergió en el comercio. No fue gracias a un cerebro más grande, como el de nuestros hermanos *neanderthales*, sino de un suceso que cambió para siempre la historia de la humanidad. Para el redactor bíblico, estos talentos únicos le fueron entregados como un don de su Creador: El soplo divino que insufló una inteligencia superior.

Todos los seres vivientes, orgánicos o moleculares, siguen la orientación del cosmos en que habitan: Su inminente destrucción. La apoptosis, la muerte celular, es un proceso que fue programado desde el momento más prístino de replicación. Si el universo está destinado a convertirse en un puñado de neutrinos que volverán al colapso sideral cuando haya cumplido los cuarenta y cinco mil millones de años, los organismos celulares, en el caso ciertas especies vegetales, logran alcanzar los miles de años; el ser humano, apenas los cien.

Ante la desventura de la muerte y del envejecimiento, las fábulas judaicas del Antiguo Testamento se resignaron a justificar el deceso del ser humano. Con la predicación de Jesucristo en el Nuevo Testamento, se afianzó la esperanza en la Resurrección de los muertos y la vida eterna en el Mundo Venidero.

La fe de que la vida continúa de alguna forma después de la muerte, es la creencia que da soporte y razón a una mayoría de seres humanos alrededor del globo, practicantes de diferentes religiones. Una existencia con el mero sentido de reproducción de células que tienen su sello de mortandad en el momento mismo de ser creadas, dejaría al ser humano en el desamparo de un sin sentido.

El alma: la consciencia de nosotros mismos; el conjunto de recuerdos que nos permiten tener una identidad histórica; las emociones que nos caracterizan como entes particulares; y la esperanza de que a pesar de que el cuerpo mortal fenezca, el alma inmortal trascenderá los eones, representa el impulso, el empuje que le da sentido a la vida de millones de primates superiores: los seres humanos.

La mayoría de las religiones conciben, de una u otra forma, que los impulsos eléctricos que comprenden nuestra personalidad, prevalecen de alguna manera después de que el cuerpo que los contenía llegó a su término.

Para el cristianismo, el alma del creyente puede entrar a alguno de varios lugares en el Olám HaBah, en el Mundo Venidero: Puede permanecer en el Mishkán, en el Tabernáculo cerca del Creador; en el Gan Edén, en el Huerto del Edén, donde desviará el agua espiritual de los cuatro ríos para que fluya bendición a las naciones; en el Pardes, en el Paraíso, donde se le revelarán las maravillas más profundas de la creación; o en el Jéik Abraham, en el Seno de Abraham, donde será consolado acerca de todos los padecimientos que soportó en la tierra. Si el alma está estructurada como luz, los fotones que la conforman deben cumplir con la dualidad de ser onda y partícula.

La luz, que se descompone en un abanico de colores que van desde el rojo hasta el morado, implica una longitud de onda que determina su carácter energético; las almas con mayor energía tendrán halos verdes, azules o morados; las almas energéticamente bajas, serán amarillas, anaranjadas, rojas.

En esta visión sobre los colores, al Soberano le correspondería brillar con luz negra, el máximo concentrado de energía. La luz negra, que la Ciencia llama materia oscura y energía oscura, es tan abundante en el universo que ocupa más del ochenta por ciento de toda la materia y energía que existe en el océano cósmico.

La luz negra impulsa la expansión del cosmos; es responsable de que las galaxias giren como una unidad en la vastedad; comunica los cúmulos galácticos, dándoles cohesión y forma; impulsa la rueda de toda la creación.

La luz negra es el brillo más puro del Omnipotente, la manifestación oculta de un Creador que selló la creación con su Nombre, pero que también está presente en los rincones más recónditos del espacio sideral, interactuando cada día, desde hace catorce mil millones de años, con la obra inconclusa que sigue diseñando y detallando.

Su trono, su aposento desde donde dirige la Creación, tiene características muy similares a las que se cree que se encuentran presentes dentro de los fenómenos cósmicos conocidos como agujeros negros: El Soberano habita en luz inaccesible, tal y como las estrellas en colapso gravitatorio completo no permiten la emisión de longitudes de onda mayores a la de los rayos gamma; El Señor se rodea de oscuridad, igual que los hoyos negros se caracterizan por la ausencia de luz una vez que se rebasó la frontera de sucesos; El Altísimo habita en la eternidad, así como dentro de estas singularidades el tiempo se pandea, es retenido por la gravedad, creando intervalos casi eternos donde las percepciones de andar del reloj o de envejecimiento, son perturbadas notablemente; Finalmente, para poder tener acceso a su trono de gloria, el creyente debe ser luz, tal cual la materia es convertida en energía, en luz, una vez que fue atrapada por el disco gravitatorio de un agujero negro.

Las descripciones bíblicas pudieron reconocer un sitio dentro del espacio tiempo, donde las leyes de la física perdían su terreno de manera radial. No detallaban una singularidad en el cosmos, sino la morada celestial, la habitación, el cuarto de mando donde el Señor se estableció por la eternidad.

Como todo lo que hizo el Creador es finito, la fecha de caducidad de nuestro cosmos será en unos treinta mil millones de años, cuando los átomos que conforman toda la materia se desintegren en neutrinos o en partículas todavía más pequeñas, y el universo se disuelva en un universo cuántico que volverá a constituir quién sabe qué formas de materia.

El Mundo Venidero, la Habitación de la Morada del Diseñador del universo, debe hallarse en una dimensión enrollada que escapará a la desintegración del cosmos: Un lugar donde la materia y la energía tienen la capacidad de conservar su esencia y perpetuar su existencia más allá de los ciclos de creación y destrucción que se observan como constantes siderales.

BIBLIOGRAFÍA

Alarcón, Diego. (2018) Virus: *Pequeños Gigantes que Dominan el Planeta*. Revista Ciencia, Volumen 69, No. 2.

Ayala Serrano, Lauro Eduardo.
(2007). *Los Nombres de Dios.* México: Editorial AMI.
(2010). Tomo I: *Tratado de Shabbath.* México: Editorial AMI.
(2011). Tomo II: *Tratado de Eruvin.* México: Editorial AMI.
(2012).
Enero. Tomo III: *Tratado de Pesajim.* México: Editorial AMI.
Agosto. Tomo IV: *Tratado de Yoma & Shekalim.*

México: Editorial AMI.
(2013). Tomo V: *Tratado de Rosh HaShaná*. México: Editorial Basileia.
(2014). *Siddur HaMaljut. Oraciones Diarias del Reino*. Editorial Basileia.
(2015). Tratado VI: *Tratados de Beitzah y Meguilá*. México: Editorial Basileia.
(2016).
Enero. Tratado VII: *Tratado de Taanit*. México: Editorial Basileia.
Agosto. *El Poder en los Nombres de Dios*. México. Editorial AMI.
(2017). Tratado VIII: *Tratados de Moed Katán & Haguigá*. México: Editorial Basileia.
(2018). *Teología Pastoral*. México. Editorial Basileia.
(2019).
Enero. *Del Edén a Sodoma. Decodificando la Biblia*. México. Editorial Basileia.
Agosto. *Intifada. Historia del Pueblo de Israel*. México. Editorial Basileia.
(2020).
Enero. *El Diablo, la Bestia y el Falso Profeta*. México. Editorial Basileia.
Agosto. *Hebreo Básico: Carolina Aguilar*. México. Editorial Basileia.

Bandea, Claudiu.
(2009). *The Origin and Evolution of Viruses as*

Molecular Organisms. Atlanta. Editorial National Center for Infectious Diseases.
(2009). *A Unifying Scenario on the Origin and Evolution of Cellular and Viral Domains*. Atlanta. Editorial National Center for Infectious Diseases.

Bakulin, Kononovich, Moroz. (2004). *Curso de Astronomía General*. Editorial Rubinos.

Baker, Joanne. (2011). *50 Cosas que hay que Saber Sobre el Universo*. Editorial Ariel.

Beckwith, R.T. (1988). *Formation of the Hebrew Bible*. Assen, Philadelphia: Editorial MJ Malder.

Bronislaw, Malinowsky.
(1957). *La Economia de un Sistema de Mercados en Mexico. Un Ensayo de Etnografia Contemporanea y Cambio Social en un Valle Mexicano*. México. Editado por la Escuela Nacional de Anropología e Historia.
Malinowsky, Bronislaw.
(2002). *Argonauts of the Western Pacific. An Account of Native Enteprise and Adventure in the Archipielagoes of Melanesian New Guinea*. UK. Editorial: Routledge.

Charlesworth, James. (1983). *The Old Testament*

Pseudepigrapha. Volúmenes I y II. USA: Editorial Doubleday.

Clayton, Harold. (2002). *El Sistema Solar.* Editorial Salvat.

Douglas, Mary. (2003). *Purity and Danger. An Analysis of Concept of Pollution and Taboo.* New York: Editorial Routledge & Kegan Paul.

Durkheim, Èmile. (2003). *Las Formas Elementales de la Vida Religiosa.* México. Alianza Editorial.

Eliade, Mircea.
(1964). *Shamanism: Archaich Techniques of Ecstasy.* London Press.
(1996). *Tratado de Historia de las Religiones.* México: Editorial Era.

Frazer, James. (1994). *El Folklore en el Antiguo Testamento.* México: Editorial FCE.

Frioni, Lillian. (2005). *Microbiología, Básica, Ambiental y Agrícola.* Uruguay. Editorial Universidad de la República.

Green, Brian. (2012). *El Universo Elegante: Supercuerdas, Dimensiones Ocultas y Busqueda*

Teoría Final. Editorial Booket.

Harris, Marvin. (1997). *Vacas, Cerdos, Guerras y Brujas. Los Enigmas de la Cultura.* Madrid: Alianza Editorial.

Hawking, Stephen.
(1994). *Agujeros Negros y Pequeños Universos y otros Ensayos.* Barcelona. Editorial Círculo de Lectores.
(2002). *El Universo en una Cáscara de Nuez.* Editorial Crítica.
(2019). *Breve Historia del Tiempo.* Editorial Crítica.
(2020). *La Teoría del Todo: El Origen y el Destino del Universo.* Editorial De Bolsillo.

Henderson, Mike. (2016). *50 Cosas que Hay que Saber sobre Genética.* Editorial Ariel.

Hinn, Benny. (1997). *Buenos Días Espíritu Santo.* USA: Editorial: Thomas Nelson Publishers.

Lederman, Leon. (2013). *La Partícula Divina.* Editorial Booket.

Maier, Christl M. (2008). *Jeremiah as Teacher of Torâh en Interpretation.* Richmond, Va. 62 no 1 22-32 Ja.

Marguilis, Lynn. (2003). *Captando Genomas. Una Teoría sobre el Origen de las Especies.* Editorial Kairós.

Martínez, Franciso. (2008). *Si se Humillare mi Pueblo e Invocare mi Nombre. El Nombre Memorial, Evidencias y Conclusiones.* USA: Editado por la Comunidad Judía Nazarena Derej ha Shem.

Morin, Edgar. (2006). *El Método 6.* Ética. Madrid: Editorial Cátedra Teorema.

Reina Valera 1960. (1998). *Biblia* USA: Editorial Sociedades Bíblicas Unidas.

Petuchowsky, Jakob. (2003). *El Gran Libro de la Sabiduría Rabínica.* España: Editorial Sal Térrea.

Evans-Pritchard, Edward. (1969). *The Nuer. A description of the modes of livelihood and political institutions of a Nilotic people.* New York. Editorial Oxford University Press.

Rodkinson, Michael L. (2011). *The Babylonian Talmud:* www.sacredtexts.com/talmud.htm

Sagan, Carl. (2010). *Cosmos.* Editorial Carl Sagan Productions.

Santos, Aurelio de. (2003). *Los Evangelios Apócrifos*. Madrid: Editorial Biblioteca de Autores Cristianos.

Sigmund, Freud. (1978). *Obras Completas*. España. Amorrortu Editores.

Stone, Michael E., (1984). *Jewish Writings of the Second Temple Period*. Philadelphia: Fortress Press.

Wagner, Roy. (1972). *Habu, the Innovation of Meaning in Daribi Religion*. USA: The University of Chicago Press.

Weinber, Steven. (2020). *El Sueño de una Teoría Final*. Editorial Crítica.

Zeddam, Jean Louis. (2008). *Los Virus, Campeones de la Evolución*. Revista Nuestra Ciencia No. 10. Actualidad Científica.

Otros Títulos del Autor

Los Nombres de Dios es una compilación de más de mil Nombres Sagrados del Señor que aparecen en la Biblia, desde Génesis hasta Apocalipsis. Su traducción más correcta del hebreo al español y su transliteración adaptada para un público de habla hispana.

El Poder en los Nombres de Dios es una obra corregida y aumentada que nos llevará Nombre por Nombre y Atributo por Atributo para utilizar de manera concreta y práctica más de setecientos Nombres del Eterno.

La serie de libros acerca del Talmud muestran interpretaciones rabínicas de tiempos del Mashíaj, todas explicadas para entender con una mayor profundidad los textos del Nuevo Testamento.

Las Interpretaciones Bíblicas Sefaradíes es un libro acerca de las explicaciones de los rabinos que habitaron España entre los siglos XII al XVI, literatura que también se conoció como Cábala. Estos análisis son entendidos en el contexto del Nuevo Testamento.

Del Edén a Sodoma es un libro de análisis diegético y exegético, donde se comprenden los detalles hebreos de los textos bíblicos y se los contrastan bajo las posturas científicas y académicas más modernas.

El Siddur del Reino es un libro que retoma las oraciones diarias del judaísmo, pero introduciendo textos del Nuevo Testamento. Es un libro para realizar un devocional diario y mejorar nuestra relación con el Eterno.

La Biblia Diacrónica con Hebraísmos es una magnífica traducción literal que incluye hebraísmos para que el lector pueda profundizar más en el texto. Se trata de un intento único por delinear el contexto cronológico de las historias que conforman la Biblia.

Intifada es un libro que narra el conflicto entre judíos y árabes que habitan en Israel, desde una perspectiva diacrónica que abarca la historia de los últimos miles de años, desde el cautiverio a Babilonia hasta el siglo XXI.

Teología Pastoral es una práctica guía para el ministro que esté levantando una congregación, académica y biográfica Ayala narra los pormenores que le ayudaron a mantenerse como pastor de una pequeña congregación.

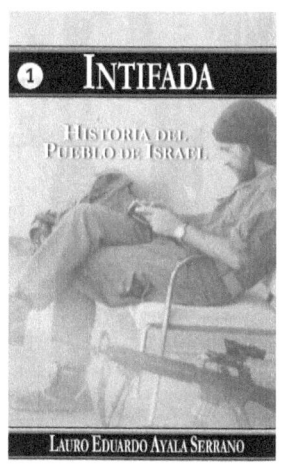

Libro de los Salmos I y II, son análisis clásicos exegéticos, bajo la óptica única del especialista, que resalta términos en hebreo y que nos explica el texto de una manera magistral para que tengamos una visión única y teológica de la Biblia y de sus más profundos arcanos. El Gran Libro de los Salmos contiene los dos volúmenes en un solo libro.

※ Singularitatem

La Bestia, el Diablo y el Falso Profeta es una obra que analiza la génesis más primigenia de las profecías escatológicas del fin del mundo, que comenzaron a vislumbrarse hace más de dos mil ochocientos años. Su correcta interpretación nos dará una idea muy aproximada acerca del tiempo del fin con base en la correlación con los acontecimientos modernos.

Nuestros cursos de hebreo proveen los elementos necesarios para leerlo y escribirlo.

Con Hebreo Básico aprenderemos a delinear los trazos del idioma hebreo, un libro para quien quiera aprender las bases del idioma.

Hebreo Intermedio es un análisis, palabra por palabra, de Génesis 1, donde se exponen las reglas gramaticales del idioma y se promueve su escritura manuscrita.

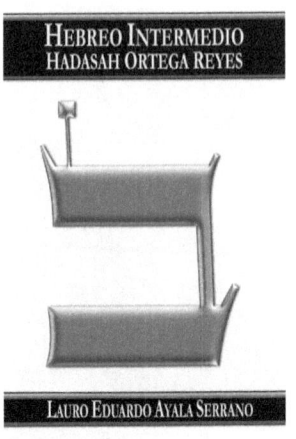